城市河湖生态修复与滨水空间构建技术

扈幸伟　李江锋　邬　龙　著

图书在版编目（CIP）数据

城市河湖生态修复与滨水空间构建技术 / 扈幸伟，李江锋，邬龙著. -- 哈尔滨：哈尔滨出版社，2022.7
ISBN 978-7-5484-6597-3

Ⅰ. ①城… Ⅱ. ①扈… ②李… ③邬… Ⅲ. ①城市－河道整治－生态恢复－研究②城市景观－景观设计－研究
Ⅳ. ①TV85②TU984.1

中国版本图书馆CIP数据核字(2022)第119660号

书　　名：城市河湖生态修复与滨水空间构建技术
CHENGSHI HEHU SHENGTAI XIUFU YU BINSHUI KONGJIAN GOUJIAN JISHU

作　　者：扈幸伟　李江锋　邬　龙　著
责任编辑：韩金华
封面设计：文　亮

出版发行：哈尔滨出版社（Harbin Publishing House）
社　　址：哈尔滨市香坊区泰山路82-9号　　邮编：150090
经　　销：全国新华书店
印　　刷：北京宝莲鸿图科技有限公司
网　　址：www.hrbcbs.com
E－mail：hrbcbs@yeah.net
编辑版权热线：（0451）87900271　87900272

开　　本：787mm×1092mm　1/16　印张：11.5　字数：260千字
版　　次：2022年7月第1版
印　　次：2022年7月第1次印刷
书　　号：ISBN 978-7-5484-6597-3
定　　价：68.00元

前　言

自20世纪90年代初以来，城市扩张带来的无序建设活动给水环境带来越来越严重的危害。一方面，进入21世纪后，国家把保护水环境的工作提高到极为重要的位置，2000年以后国家已正式开展新的水资源保护规划编制工作。另一方面，随着城市社会经济发展，城市对水资源的需求不再仅仅停留在生活、生产用水、水资源供给方面，而更需要水景观资源满足人对自然环境的需求。在这双重意识指导下，近五年来城市污水治理工程和城市滨水景观规划研讨与建设广泛开展，如上海、武汉、重庆、广州等城市先后编制了有关城市水环境规划的项目，俨然成为当今城市保护和利用水环境活动的代表。

城市滨水空间是城市居民基本的活动空间之一，也是体现城市形象的重要节点。20世纪末以来，为了提升城市的形象及人们的物质文化生活品质，我国城市滨水空间开发建设热潮此起彼伏。随着滨水空间的开发与城市建设的快速扩展，滨水空间设计中的一系列问题开始显现，诸如用地结构不合理、景观环境不协调、忽视城市的历史文脉及与生态环境保护相背离等。因此，有必要对其进行深入研究。

目　录

第一章　城市与水体形态变化历程

第一节　水体形态与影响区域分析

自然基底对城市的选址和发展过程有着不可忽视的影响，对于历史悠久且临近长江、秦淮河等重要水道的南京而言更是如此。明代应天府的城池范围远超前代，其功能分区、城市形态、城防设施都体现着与更大范围山水景观的密切关系。这种“山—水—城”的骨架结构延续至今，仍影响着今日的南京城市形态。随着社会生产力的提高，人类改造自然环境的能力和需求越来越高，自然基底对城市蔓延的限制越来越小。可以说，城市扩张的过程就是山水环境受影响乃至冲击的过程，因此道路基础设施、建筑的逐年增加与水体的减少是相互关联的，这一点在南京尤其明显。

清末民初，南京城内广袤城池范围中诸多的山水要素最初是与聚居区呈疏离的状态，在城市化过程中，大量的农田、水塘、山林等转变为城市建设用地。这种转变源于人口增加后给城市发展带来的压力。

1927 年国民政府定都南京后，短短一年间，南京人口将近 50 万人，大约为原来的 1.4 倍。1928 年时城中、城南平均居住密度为 63000 ~ 75000 人 /km^2，其余地区为 12000 ~ 15000 人 /km^2，城西北和城东人口密度最低。到 1936 年时，人口甚至超过 100 万。重要的道路、建筑逐渐从城南向城北乃至城墙外拓展。

1949 年 4 月，城北的下关及小市、城南的中华门及雨花台已经超出城圈范围，划入市区。1949—1957 年，利用中华人民共和国成立前留下的薄弱基础就近扩大了工业生产，充分利用原有市政和公共福利设施，市区土地扩大 28.6%，市区主体北到迈皋桥，南到五贵里，中山门外也增加了一些污染较小的工厂和大专院校。1958—1965 年，市区面积扩大了 51.9%。1966—1978 年，市区规模大幅度扩展，到 1978 年年底市区面积达到 116.18 km^2，扩大了 41.7%，北到燕子矶，南到安德门，东近马群，西到茶亭。市区主要向北延伸，南京市区的重心历史上在城南，中华人民共和国成立后四个时期，逐渐由南向北转移。人口上，1979 年下放人员回城，市区人口增加 129 万人左右，比 1978 年增加 13.4%，比 1965 年增加 10.7%。

城市建成区规模增加，与自然要素产生了更大的交界面，挖山填水、平整土地是大规模建设的常规手段。比起山体而言，水体更容易改造成平地，因为人们可以沿水边逐渐填平，这使得水体相对而言成为城市蔓延过程中较易受到冲击的自然地段。位于城北的西流湾与金川河水系相连，由于远离闹市、建设密度低，20 世纪 60 年代后大片的水体逐渐被填平作为建设用地，到 20 世纪 80 年代已经成为城市中心区。再如 20 世纪 90 年代后，城市建设对土地有着急迫的需求，南湖周边的诸多水塘均被填平作为建设用地，这在机械化还很不发达的 20 世纪 60 年代是不可想象的。

水体不仅面积上显著减少，整体性也明显降低。在 20 世纪初，南京城内的水体类型多样、规模可观（20 世纪 30 年代时，城墙往外 500 m 所形成的范围内的水体面积约 7543009 m^2），各个河流的连通性也比较好，20 世纪 60 年代开始大规模填埋水塘，此后城市建设中不断填埋水体，一些河流转为地下甚至断流，水体面积急剧减少（到 21 世纪初上述范围内仅余 4863293 m^2），城外尤其是西部和南部的水体面积减少更多。

惠民河、进香河、金川河部分、内秦淮河北段、清溪河、上新河、紫金山沟、九华山沟等均被覆盖。伴随着水体面积的减少，水体周边的建筑密度也明显增加，因此以水体为主的开放空间不仅在面积上缩小，其风貌景观也有了明显的变化。

20 世纪 60 年代后城北的大量水塘逐渐减少，新模范马路与中山北路交界处的金川河水体西侧支流逐渐缩短，城内西流湾（今山西路人民广场）由原来若干个水面组成，如今仅剩一个孤立的水体。在城外，也有大量水塘被填平作为建设用地。

城西水体的变化是最为剧烈的，大量的水田、水塘在 20 世纪 60 年代后几乎消失殆尽，仅仅留下几条沿城市道路的水渠。城内部分虽然水体密度和规模远小于城外，但是变化也很明显。首先是数十个水塘消失殆尽，仅剩胡家花园中的水塘。其次，连通秦淮河和运渎的河流在 20 世纪 60 年代被填埋，目前两条主要水道的交点仅淮清桥一处。此外，莫愁湖、南湖周边原本是多个水塘邻接，如今仅剩建筑围合中的孤立水面。

1. 城市与河湖水系密不可分

“水是生命之源”。日常生活中人们离不开水，你处处会发现人们喜欢到水边嬉水、休闲，喜欢与水亲近是人类与生俱来的本性。作为人类集中居住地的城市，与河湖水系的关系也是密不可分的。从历史的角度看，绝大多数城市的选址、布局、扩展、建设都与天然河湖水系紧密相关，并且城市建设与河湖改造是交互进行的，可见，我们的祖先很重视城市与水的结合。时代演变至今日，河湖水系已经成为城市功能中不可缺少的一部分，我国的多数城市都有复杂的河湖水系，不管是南方城市还是北方城市都是如此。一个没有水系的城市就像一个先天不足的残疾人，是令人遗憾的。可见，城市与水有着悠久的历史渊源，是一种广泛而密切的关系。

每个大城市都有众多的园林，比如北京的颐和园、圆明园、燕园、王府、北海、中南海，苏州的拙政园、狮子林等几十处园林，历史上这些园林都是皇亲贵族、达官贵人居住、休闲、赏景的地方。这些古典园林都有一个共同的特点，即都包含有美丽的河湖水系，都对水系形态进行过精心的艺术加工或创造，艺术水平达到了相当高的程度。可见，历史上的贵族阶层把河湖水系当成了享受生活的一个重要元素。中华人民共和国成立后，这些古典园林大多成了对大众开放的公园。不但如此，各大城市又开辟了很多的公园，比如北京市区就开了 20 多处，像紫竹院、玉渊潭、龙潭湖、朝阳公园、陶然亭、世界公园等，这些新的公园也同样都包含有美丽的河湖水系。可以说，中华人民共和国成立以后，普通市民才开始有条件将园林水系作为享受生活的一部分。

河湖水系是水流通道及水资源储存场所。雨季，它能蓄纳、排泄洪水；旱季，它储存的水可供人们利用（或补给地下水），为人类生活提供保证。同时，水路也是方便有效的航运通道（京杭大运河就是明证）。古人之所以喜欢滨水筑城，大概主要是基于以上实际用途的考虑吧。今天，人们随着对环境问题认识的深入，对水的认识增加了很多内容：水系是城市的“肺”，是重要的生态景观系统，水畔地带是人类休养生息的宝地，水对改善城市生态环境、提高居民生活质量有重要作用。

元代以来，北京城市建设就是围绕“六海”展开的，周围“王府”湖云集，素有“先有什刹海，后有北京城”之说，可见，城市与河湖水系的关系多么密切。

正是人们对水系的环境效益有了越来越清楚的认识，近几年来，我国各大城市对水系环境的治理和建设如火如荼地开展起来，比较有名的如北京的新转河（投资 6 亿元），成都的府南河（投资 24 亿元）、太原的汾河公园（投资 20 亿元）等。特别是首都北京，为了迎接 2008 年奥运会，2002 年以来，北京市政府陆续立项治理河道十多条，如亮马河、凉水河、清河等，共计投资几十亿元。过去，投资于河湖治理一度被认为是“打水漂”，没有任何回报。现在政府之所以对河湖环境治理变得热情起来，除了生态环境效益及居民生活以外，还考虑到如下因素：改善城市的整体风貌，提高城市的档次，增加对投资者的吸引力，重塑城市的形象及口碑，提高城市的综合竞争力，增加城市发展的后劲，为可持续发展奠定基础。

近两年来，笔者考察过不少中小城市（地级市、县级市），这些中小城市也开始重视水系环境的保护和治理，很多地方都把水系建成了公园，周围植树、栽花、种草，成为居民休闲的地方，为此，小城也增色不少，这是过去所没有过的。可见，随着时代的进步，对河湖水环境的重视由大城市到小城市，越来越普及。

“人与自然的和谐”是环境学者提出的一个理念，也正在成为人们追求的一种理想和目标。然而，“人与自然的和谐”这一概念究竟包含什么内容？人与自然怎样才是和谐的？表现形式是什么？如何才能做到和谐？这些问题不是简单的问题，其中不但包含有生态景观的因素，还包含有哲学的、文化的、人性的、生活的因素，是需要学者们深入研究的问题。近年来，笔者从事了一些水环境文化方面的工作，以北京为重点，对城市的人水关系进行了一些调查研究，认为人类与水的关系体现在许多方面，既体现在个体性方面，也体现在社会性方面，密切又复杂，有着丰富的内涵。

京城的河湖水系，经各代建设，形成了一个串通环绕、非常复杂的河湖网络。在规划市区 1 040 km^2 范围内，有通惠河、凉水河、清河、坝河 4 条主要河流，有 30 多条支流汇入这 4 条河流。南环水系和北环水系是流过城区核心地带的两条最重要的水系。南环水系由昆明湖、京密引水渠昆玉段、玉渊潭、八一湖、永定河引水渠下段、南护城河和通惠河上段等组成：北环水系由长河、北护城河、亮马河、水碓湖（朝阳公园）、红领巾湖和二道沟组成，连接紫竹院湖、动物园湖、展览馆后湖、“六海”等 16 处湖泊。市区的这些河湖是在自然状态的基础上，在不同历史时期由人工开挖、整修而成的。中华人民共和国成立后，主要修建了永定河引水渠和京密引水渠，市内河湖体系也有了一定程度的改变。自古至今，水系贯穿于北京发展的历史，既有防洪、供水等基本功能，也有改善生态环境、提高居民生活质量的功能，它承载了丰富的文化内涵，与政治、经济、文化、军事、城市建设、居民生活等各方面密切相关。随着现代社会建设的高速发展，居民对生活环境要求越来越高。在此背景下，水系所体现出来的环境效益越来越明显，在城市中的地位越来越重要，人水关系越来越密切。面对新形势，城市水系的建设与治理面临着更高的要求。

2. 河湖周边是市民喜爱的活动场所

当今时代，在繁华的大都市里，马路、楼房、汽车是主要构成要素，吵闹、拥挤、污染是主要特征。人们需要走出家门，需要走进安静、清新、美丽的自然环境中，自由地从事各种锻炼、休闲、观光、文化活动。在今天的都市，你会发现，河湖周边以其独特的魅力成为市民最喜爱、最重要的活动场所。

在任何一座城市的河湖岸边，只要有适宜的空间和环境条件，你都会看到有许多居民从事休闲锻炼活动。在北京，各大公园的水畔都成为居民重要的活动场所，比如玉渊潭、紫竹院、植物园等就具有典型的代表性。仅玉渊潭、紫竹院两处公园，每天到此活动的“常客”都有 2 万 ~ 3 万人，无论春夏秋冬，天天如此。按兴趣、爱好又可分为许多族群：散步族、晨练族、舞蹈族、冬泳族、夏泳族、歌咏族、京剧族、棋牌族、球族、艺术族等，每一个族群都有众多的人数。居民按兴趣自由组合，多数活动已成为有组织性的团体活动，而且达到了相当高的艺术水平。这种活动对居民的身心健康、精神文明、文化艺术修养都有很大的益处。

每到春天，到公园水畔踏青观景的人最多。比如，四月初，玉渊潭公园湖畔的樱花盛开时，一天就能吸引十几万人到此观赏。可见，人与自然的关系是多么密切！

3. 有史以来人类喜欢靠水而居

自古以来，“靠水而居”是人类普遍的心理偏好，不仅因为风光好，而且也认为好风水能给自己带来好运气，生活上也有诸多方便，民间也有“水就是财”的说法。在城市，靠水而居的现象更加突出，比如，北京什刹海周围自元明清以来就是达官贵人居住的地方，数量众多的王爷府就是明证。中华人民共和国成立后，这里也成为国家领导人及各类名人居住的地方。

颐和园、圆明园等皇家园林都以河湖水系为景观核心，说明历史上皇家贵族的生活是多么依赖水，一个没有水的皇家园林是难以想象的。中华人民共和国成立后，中南海成为党和国家最高领导机构的驻地，显然与那片美丽的水域不无关系。

现代社会，河湖边、公园旁都是居民楼建设的首选。近几年，商人更是热衷于在濒临河湖的地方从事房地产开发，同样的楼房会因为靠近美丽的水域而升值 20% ~ 30%。

4. 水系是一个城市的灵性所在

一个城市的诞生与发展与河湖水系息息相关，水系是城市的灵性所在。以北京为例，一直流传着“先有什刹海，后有北京城”的说法，这个说法非常确切地道出了北京城的诞生、扩展与河湖水系的关系。自从元代在这里设都城以来，城市布局、建设就是围绕“六海”展开的，城市建设的同时，河湖水系也得到了治理，最终形成了今天的格局。这些河湖不但对北京的历史非常重要，而且对北京城的景观及生态环境也非常重要，它是北京城的灵性所在，给热闹繁华的都市增添了三分秀丽、三分灵气，给混凝土世界增添了三分柔和，给喧嚣的城市提供了一片安静的天地，给污染的空气带来了一份清新，给疲惫的城市带来了一丝抚慰。

5. 城市水系与政治、军事关系甚密

自古以来，城市水系就与政治、军事关系甚密，历史上几乎所有的城市都有高大的城墙和深邃的护城河。这些护城河不但具有战争防御功能，同时还成为水系的一部分，具有蓄水、泄洪功能。比如，北京的护城河及故宫外围的筒子河既是防御工事，又是河湖水系的组成部分。历代政治中心都离不开河湖水系，比如北京的颐和园、圆明园都是以山形水系为景观核心的皇家园林，在清代是政治活动中心。为了保障城市的粮食及物资供应，古代非常重视水系治理，以保障漕运通道，显然，古代漕运与政治、军事、统治阶级的利益及广大普通百姓的生活是息息相关的。

现代，城市河湖水系作为军事防御手段的功能已不复存在，但是和国际政治依然关系密切。中华人民共和国成立以来，作为党中央、国务院驻地的中南海与政治、外交的关系非常重要，有许多对全世界产生重大影响的决策都在这里制定。20 世纪 50 年代，在这里毛主席与赫鲁晓夫唇枪舌剑，显示了中国人不惧强国压力的志气；70 年代初，基辛格、尼克松先后访华，在这里受到毛主席、周总理的接见，打开了中美关系的大门，这一事件不但对当时的国际政治、军事格局影响巨大，而且为后来我国的改革开放和经济发展奠定了坚实的基础。我国几代领导人都在这里接见过无数的来自世界各地的最高首脑。

作为一个湖泊，虽然不能参与政治谈判、不能提出自己的观点，然而，它给谈判者提供的环境与氛围是十分重要的，它也是重大历史事件的见证者。

6. 城市水系与经济、文化、国际形象等密不可分

水系具有防洪供水的基本职能，这也是保证一个城市正常运行、社会经济持续发展的基本条件。河湖水系所展现的美丽景色是发展旅游业的重要条件之一，公园景点都离不开水这一要素。濒临水系进行房地产开发也是现代社会经济发展的一个重要特点，许多重要的高级宾馆饭店、商业大厦都临水而建，业者认为水能给他们带来财富和好运。

水系与文化也有密切的关联，许多大城市的河湖水系与历史文化有着不可分割的联系。北京更是如此，作为一个文化古都，从古至今，市内及周边的每一条河、每一个湖泊都有

着不凡的来历。现代社会，河湖水系经常成为文学家、画家、词曲作家的创作对象和场所。电视、电影更是经常把水系作为不可缺少的画面背景。一些集体性文化活动（比如中秋赏月赛诗会）经常选择在水边举行。文学艺术创作者在构思一些伤感、落寞、浪漫的画面时，经常会把水、月、星、落叶等自然元素加进去。

水在古人的文化中也一直占据着重要的位置，李白、杜甫、苏轼等古代文人的诗词中经常离不开水。圆明园是清代皇家园林，赞美园内山水的诗词据说有 5 000 多首，可见，山水与文化是多么密切的关系。

河湖水系与教育环境也有着密切的关系，北京大学、清华大学等国内许多知名大学校园内都有景观河流和湖泊，北京大学校园内的“未名湖”就是典型例子。有山有水才能使校园变得更美丽、更富有灵气，使读书环境更加优越。最近，郑州东部新区和济南西部新区都规划了大规模的大学城，都以河湖水系为区域景观核心，对河湖水系的治理与开发进行了精细规划和设计。可见，未来的教育区更加重视水系，重视它所提供的生态环境和景观。

显然，北京、上海、广州这样的国际化大都市都离不开河湖水系的装点。这些都市里，来自国内外的游客、高官、商人、学者、名人大量云集，环境如何是他们评判一个城市优劣的最直接、最重要的因素。像奥运会、世博会这样影响特别重大的国际性活动，环境是影响申请及举办的重要因素。一个好的口碑及印象，会对城市的社会经济发展产生长远的、潜在的影响，是可持续发展的重要条件。

7. 河湖是深埋于人心的地标

地标是在人们心目中占有重要位置的地理性标志，比如村头的高大老榆树、村前的池塘、村东的小河、村北的山头都可能成为地标。特别是在儿童的心目中，家乡的地标可能成为他们心目中永远记忆和怀念的对象。不管在农村还是在城市，河湖水系都是附近居民心中的地标。在河边的儿童长大后去远方工作和生活，“故乡的小河”往往是他们怀念的重要内容；回到故乡，看到依然如故的小河会勾起他们对童年的回忆，如果小河被填埋，他们就会感到失去童年的一些宝贵记忆。

对此，笔者也有很深的感受。2005 年 9 月，时隔 5 年笔者回到老家一个普通的村庄，由于街道改造，村子原来的小巷子已变成了宽阔的马路，村前的几片坑塘也被填死盖了房子，那口砖砌老井也不见了。环顾良久，迟迟认不出这就是故乡，顿时感到了一种失落，感到自己就像丢掉了故乡、丢掉了过去、丢掉了童年，站在那里无限怀念以前的景象，后悔自己来得太迟，没有把原来的景象留在相机中。于是，笔者迫不及待地来到村东的小河，看到小河依然如故，才舒了一口气，只是发现大堤被修高速公路的取走了一些土。笔者拿出相机把小河里里外外照了个够，害怕有朝一日小河会被填死，如果那样，故乡与笔者也就没有什么关系了，故乡也就没有多少可思念的了。

8. 人水应和谐相处

人水若能和谐相处，则会对城市政治、经济、文化、居民生活产生巨大的效益，若人水交恶则两败俱伤。下面举几个例子（以下例子都是笔者在环保工作中的积累）。

例一：20 世纪 50—70 年代，北京在城市建设中轻视河湖的存在，随意填埋了大量的河湖，如护城河被填埋或盖成暗沟（污水排放沟），转河被填埋盖房修路，太平湖被填死修建了环城地铁总站，北环水系被搞得支离破碎。2001 年，奥运会申办成功后，为了改善京城环境，市政府要对北环水系进行恢复治理，将水系建成“水清、岸绿、流畅、通航”的生态走廊。然而，要想恢复其完整性非常困难，大部分已不可能。比如，不可能拆掉环城地铁总站再挖成太平湖，高楼不可能拆掉再挖成河道。只有转河得以恢复，因为填埋的转河故道上多为平房、小路，拆迁成本还能负担，也符合北京危房改造等城市建设大政策。恢复一条小小的转河（长 3.5 km，宽 20 m），花费了 6.2 亿元，其中 50% 是拆迁费，人类付出了沉重的代价。北京市北环水系的例子，实际上是人们在认识及行动上走了一条弯路，具有典型的代表性。这一例子说明，人应该尊重河湖的存在，人与水要和谐相处，否则，人类最终要为自己的行为付出代价。

例二：北京亮马河有一段 500 m 长的河道污染非常严重，都是排污和人为弃污造成的，河水臭味熏天，两岸居民叫苦连天，河边成为无法接近的地带。紧靠河的南岸有一个现代化的小区，叫“胡家园小区”，是北京市的模范小区。“靠水而居”的胡家园小区并没有得到亮马河的恩惠，而是深受其害，夏天，由于臭味难闻，靠河楼房 10 层的住户都不敢开窗户。该河段的北岸（与胡家园小区隔河相望）有一片平房区，名字叫小关村（2004 年夏天已经拆迁），岸边的平房居民告诉我们，蚊虫很多，每年夏天要施洒农药灭蚊蝇，一位老太太一年用了 6 瓶敌敌畏，这样施洒农药显然又会加重水体的污染，形成恶性循环。

例三：京城南郊的凉水河几十公里长，整个排污河道污水滚滚流淌、臭味难闻，严重制约了沿线城市建设。如果凉水河是一条水流清澈的河，沿线不但会成为几十万居民喜爱的活动场所，更会成为一条蕴含无限商机的商品住宅开发带。

从以上 3 个例子来看，不管怎样，人是主动者，河湖是被动者，是人类破坏和污染了水系，河湖对人类的报复是它们的一种被动反应，是一种因果效应。人类需要保护水系、治理污染、美化环境，实现人与自然的和谐相处，为人类本身的生存与发展创造条件。

9. 从人—水关系看城市水系的保护与治理

从前述分析可以看出，从古至今，城市水系与人类社会方方面面的关系是多么密切！实际上，人类与水是共存共荣的，因此我们要保护好河湖水系的环境。笔者从近几年的实际工作中认识到，在城市河湖水系的治理与保护中，应考虑以下几个方面。

（1）要保护好水系的完整性

20 世纪 50—70 年代，北京填盖河湖的事件是一个历史性的教训，不能把当年事情发生的责任归咎于哪一个人，原因在于社会整体认识水平的不足，也就是时代的限制。但是，我们必须吸取历史教训，在以后的城市建设中，要保护好城市河湖水系的完整性，使水系成为一个完整的生态系统和景观系统。

2004 年，上海一个报社的记者几次打电话给笔者，反映说，上海某地城市开发中计划填埋 3 条小河，在社会及媒体界引起了争论，征求笔者的看法。笔者告诉他："上海填河造地的具体情况我不清楚，不能枉下一个绝对的结论。但是，根据北京市填河造地的历史教训，根据我们近几年在工作中的认识，根据笔者个人的感受，提出如下看法：填河的事情不可轻率从事，应慎之又慎，一般情况下不宜随意改变河流的布局，在万不得已、必须填河的情况下，应该从城市建设、环境保护、技术经济、历史文化等方面进行充分的科学论证，还应在工程界、环保界、学术界、媒体界及社会大众中进行广泛的讨论，确实搞清楚利弊所在，最后的决策才可能是最科学的。"记者对笔者的观点表示了赞同。

（2）对水系污染进行综合治理

目前，我国城市的河湖水环境受污染较严重，水质多较差，对社会、经济、人民生活、城市形象等造成的负面影响很大，是涉及面很广、治理难度很大的环境问题，也是大都市最严重的环境问题之一。笔者通过深入的调查后发现，城市河湖污染治理绝不是一件简单的事情，需要政府各级部门加大治理力度，还需要全社会通力合作，采取一种综合性的治理措施，建立全社会参与的防治体系才能从根本上解决问题。

（3）逐步建设生态平衡、景观优美、自然和谐的河湖水系

我国城市河湖的传统治理一般比较简单、粗糙，水泥护砌，只要能流水就可以了，目标主要是防洪。要改变过去那种传统的、单一目标的治理模式，需要在考虑防洪、供水、旅游等基本功能的同时，更要考虑生态平衡、景观优美、物种多样、自然和谐等因素。

（4）应充分考虑不同水域的历史文化背景

由于城市的每一片水域都有悠久的历史背景，承载着许多历史故事，在编制治理规划时，应照顾各自的特殊性，保持其历史特点。比如，北京的护城河进行治理时，不宜建成崎岖多变的"多自然型河道"，而应保留其具有军事防御功能的"护城河"应有的特点，维持其历史功能的传承性，这也是保护京城历史文化的重要内容。笔者的观点是"美人就应该像美人，将军就应该像将军"。

（5）要充分考虑人与自然的和谐问题

水畔地带作为闹市中难得的清新、安静、美丽的地方，环境优越性越来越凸显，成为居民越来越喜爱的活动地，对居民生活越来越重要。因为城市居民文化水平高、环境保护意识强，从事各行业的人都很多，不同的人群对河湖环境的要求差别较大。因此，在未来的河湖治理中，特别要充分考虑人与自然的和谐问题，考虑不同人群的不同需要，河湖治理方案的制定绝不是简单的事情，从人群需要的角度要考虑的问题就非常多。

目前，我国城市在制定河湖治理方案时，多是仅仅靠水利设计部门再加上景观设计单位的配合，实际上，这是远远不够的，还需要历史文化学者、艺术家及大众的参与才能真正制定出一个科学、完美的治理方案。

第二节　规划管理启示

当前南京老城的水体规模已经非常少，滨水土地不应该单纯地用经济价值衡量，擅自变更其用途，而应以更大的社会、生态思维来辨识，并优选其社会生态服务价值进行系统整合。

首先，从缓冲带的分析看，老城内水体缓冲带比例较小，为了增加水体与陆地的生态联系，可以从缓冲带和堤岸两个方面考虑。

对于缓冲带首先应该保证一定的宽度，甚至择机拓宽。为此建议划定水岸带，除了玄武湖、莫愁湖等公园中的水体有条件保护，护城河等也应设法增加缓冲带的宽度。在此基础上，应该增加缓冲带的生态功能。国家住房和城乡建设部于2014年10月颁布的《海绵城市建设技术指南——低影响开发雨水系统构建》，预示着生态雨洪管理思想和技术将在实践中得到更有力的推广，该技术指南中提出了一些具体措施以恢复水岸带生态和水文功能。例如，应充分利用城市水系滨水绿化控制线范围内的城市公共绿地，在绿地内建设湿塘、雨水湿地等设施调蓄、净化径流雨水；滨水绿化控制线范围内的绿化带接纳相邻城市道路等不透水汇水面径流雨水时，应建设为植被缓冲带，以削减径流流速和污染负荷；有条件的城市水系，其岸线宜建设为生态驳岸，并根据调蓄水位变化选择适应的水生及湿生植物。这些措施施行的地点大多与水岸缓冲带有关，改善水岸缓冲带并增加其与周边绿地联系将是海绵城市建设环节中重要的一步，因此这个政策及其配套的资金、技术支持是恢复甚至激活老城内长期以来衰落的水体缓冲带生态系统的好机会。

对于城市中的岸堤而言，应该设法增加近自然岸线的长度。1938年，瑞士人Seifer首先提出“近自然河溪整治”的概念，指出在能够完成传统河流治理任务的基础上，达到接近自然并保持景观美的一种水系治理方法。20世纪50年代，德国正式创立了“近自然河道治理工程”，提出河道整治要符合植物化和生命化标准。南京老城由于用地较为紧张，公园之外的水体很难采用近自然式堤岸，可以根据水流冲蚀强度和防洪要求，采用三种模式营建生态堤岸。刚性堤岸（大坡度）：适合用地紧张的城市中心区，是采用干砌的方式（留出空隙或者铁笼中装石块的方法）以利于河岸与河道的交流，利于滨河植物的生长。随着时间的推移，堤岸会逐渐呈现出自然的外貌，也适合防洪要求高、水流对河岸侵蚀强度很大的堤岸。主要由刚性材料如块石、混凝土砌块、砖石笼、堆石等构成，建造时不用砂浆，从而留出植物生长和小动物栖息的空间。柔性堤岸（缓坡）：主要采用生物材料（植物）施工法，此类堤岸适合水流平稳、缓坡入水的岸线。这种岸线要求有足够的建设空间。刚柔混合型堤岸（中等坡度、混合坡度）：刚性和柔性的材料占有同等重要的地位，可以兼顾人工结构的稳定性和自然的外貌。常见的做法有以下两种：一种是将由大小不同的石块组成的堆石置于与水接触的土壤表面，再把活体切枝插入石堆中使斜坡更加稳定，根系可提高堤岸强度；另一种是将预制的混凝土块以连锁的形式置于岸底的浅渠中，再将植物切枝或植株扦插于混凝土块之间和堤岸上部，其上覆土压实，再播种草本植物。

对南京老城周边水体而言，水位、水流、地理区位、周边景观差别很大，不同地段应该选择不同模式并适当变通，形成从缓冲带到堤岸再到水体的具有多种小生态环境的多级结构。

其次，从滨水空间的公共性来看，南京的城市形态和市民生活曾经受到水体的深远影响，尽管如今水体比几十年前大大减少，但是无论对于公共场所还是居住区开发，滨水地带仍是最受欢迎的场地。根据现有路网，目前方便到达水体边缘的地方只有老城面积的很小部分。要提高其可达性和利用率，一方面要增加这些滨水区的公共性和吸引力，充分利用水陆交界所形成的潜力，形成高品质的公共性的环境；另一方面，可以结合公园、步行道增加滨水服务区与公园服务区的衔接、重叠。对于南京老城而言，公园与滨水区的服务区覆盖的面积和连通性远大于单一公园或滨水区的步行可达范围，为此针对性地增加交通的便捷性，可以促进整个老城公共空间的连接度和步行适宜性。

最后，现有水体应该在各级规划中予以严格保护，逐渐改善其水质。对于大型水体，要注意水质的保护和公共岸线的利用。被填埋或遮盖的一些河流，其周边的地形情况往往没有发生根本变化，这些河道（即使填埋）无论是地上还是在河道系统中仍可能具有不可替代的水利和水文作用。如具有悠久历史的进香河和惠民河见证了南京老城和下关地区的发展，由于当时单一的规划政策导向而忽略了生态环境、历史风貌需求，已分别于 20 世纪 60 年代和 20 世纪 90 年代地下化。太平门与新庄立交之间的道路可以部分采用隧道或者高架路形式，从而使玄武湖、白马公园与紫金山再次融为一体，这将形成南京城内与城外最重要的生态廊道。再如西家大塘的面积在 70 年间缩小了 2/3，尽管在历次规划中都将其作为重要公园，但是现在只是一个机关居住区内的小型绿地；清水塘是具有千年历史的水塘，目前被居住区所围合，由于填塘造房面积急剧缩小，加上还有规划道路穿越，生态功能丧失殆尽。未来有条件时，对这些地方进行生态水文恢复对市民游憩、生态环境、微气候调节及城市风貌均大有裨益。

一、湖泊型城市水体公园

（一）概念界定

1. 城市公园

公园是一种为城市居民提供的、有一定使用功能的自然化的游憩生活境域，是城市的绿色基础设施，它作为城市主要的公共开放空间，不仅是城市居民的主要休闲游憩活动场所，也是市民文化的传播场所。

现代意义上的城市公园起源于美国，由美国景观设计学的奠基人弗雷德里克·劳·奥姆斯特德（Frederick Law Olmsted）（1822—1903）提出在城市兴建公园的伟大构想，早在

100多年前，他就与沃克斯（Calvert Vaux，1824—1895）共同设计了纽约中央公园（1858—1876）。这一事件不仅开现代景观设计学之先河，更为重要的是，它标志着城市公众生活景观的到来。公园，已不再是少数人所赏玩的奢侈品，而是普通公众身心愉悦的空间。

城市公园的传统功能主要就是满足城市居民的休闲需要，提供休息、游览、锻炼、交往，以及举办各种集体文化活动的场所。近年来城市公园在改善生态和预防灾害方面的功能得到加强。现代城市充斥着各种建筑物，过于拥挤，存在缺乏隔离空间、救援通道等问题，城市公园的建设则是一个一举多得的解决办法。另外，近年来随着城市旅游的兴起，许多知名的大型综合公园以其独特的品位率先成为都市重要的旅游吸引物，城市公园也起到了城市旅游中心的功能。

城市公园也是城市绿化美化、改善生态环境的重要载体，特别是大批园林绿地的建设，不仅在视觉上给人以美的享受，而且对局部小气候的改造有明显效果，使粉尘、汽车尾气等得到有效抑制，在改善现代城市生态和居住环境方面有着十分重要的作用。

2. 湖泊型城市水体公园

城市水体公园是以水为主体的城市公园。由于这一特性，这类公园一般都是由自然景观资源或历史人文资源丰富或人工的较大湖泊演化而成，因而包含一定比重的滨水区域，同时担负着城市公园的职能。所以说湖泊型城市水体公园，是指依托城市范围内的较大型湖泊水体，经过设计建设的，以水体景观和水上活动为特色的综合性公园。可作为城市公共空间和生态资源，具有娱乐游憩、居住生活、景观美化、生态保育、防灾等多重功能。

3. 湖泊型城市水体公园与城市滨水区的区别

湖泊型城市水体公园，是以大面积的湖泊与其滨湖地带为依托建设的公园。它的性质是综合性公园，水体是公园中的一个至关重要的组成部分。

城市滨水区是指城市中陆域与水域相连的一定区域的总称，一般由水域、水际线、陆域三部分组成，具体来讲是指与河流、湖泊、海洋毗邻的土地或建筑，亦即城镇邻近水体的部分，它的空间范围包括200 m ~ 300 m的水域空间及与之相邻的城市陆域空间，因此这个区域包含水体的局部，也包括一部分陆地，更包括与之相关联的一切生命体与非生命体。它作为城市与江、河、湖、海接壤的区域，既是陆地的边缘，也是水的边缘。

（二）湖泊型城市水体公园的分类

湖泊型城市水体公园可以根据不同的标准有不同的分类方法，结合城市水体公园的主体——湖泊，可以将其分为三类：

1. 以水体公园的位置分

（1）城市公共空间型水体公园

水体公园位于城市建成区内部，随着城市用地的扩张，周围集聚了大量的人群，为市民活动提供公共空间成为其首要责任，是城市开放空间系统的重要组成部分。如杭州西湖、南京玄武湖、济南大明湖、北京三海、惠州西湖、苏州金鸡湖等，这类湖泊由于环境压力，生态修复能力差，自身的生态问题十分严峻。

（2）跨城乡型水体公园

水体公园位于城市的边缘，横跨城市建成区和郊区，其中的湖泊一般面积大，一部分岸线邻近或者深入城市内部，另一部分水域远在郊区。地域的广阔性决定了其复合的城市功能，生态和旅游效益明显，邻近城市的部分还具有城市生活岸线的属性，如嘉兴南湖、肇庆星湖、扬州瘦西湖、武汉东湖、苏州石湖、绍兴东湖、昆明滇池等。

（3）城郊生态型水体公园

水体公园位于城市建成区周边或建成区外围低密度建设区，超出了城市的区域范围，这类水体公园关系城市生态安全，并可能对城市旅游经济做出较大贡献，一般为大型湖泊。它们同城市建成区、新建区相互穿插交错，如太湖、洞庭湖、鄱阳湖等大型湖泊与无锡、岳阳、南昌等沿岸城市的关系，欧洲日内瓦湖、北美洲五大湖地区湖泊与沿岸城市的关系等。

2. 以水体公园的形成分

根据湖泊形成划分，城市湖泊型水体公园可分为以原有自然湖泊为基础的天然湖泊型水体公园，如桂林的杉湖、榕湖、桂湖，以及后来人工建造为主的人工湖泊型水体公园，如桂林木龙湖、长沙年嘉湖。

3. 以水体公园的历史分

（1）具有历史渊源型现代城市水体公园

这类水体公园一开始就具有一定的景观资源和历史文化内涵，是城市和地方的著名景点。比如，南京玄武湖公园、杭州西湖。对此类公园的设计应着重考虑其景观格局、历史文化的全面保护，同时平衡湖泊生态系统，加强对周边土地开发利用的调控，以恢复、完善生态绿化。同时由于景观的不断开发和现代文化审美价值取向的不断更新，要想维持和发扬湖泊的历史优势，必须合理解决历史与现代、人文与自然这两个主要矛盾。

（2）新兴型现代城市水体公园

这类水体公园的开发一般都是从零开始，设计和开发建设都是以城市现状及要求来进行的，它的优势在于能很好地与城市的发展方向和景观格局结合，创造出良好的新型的城市湖泊景观风貌，如苏州金鸡湖等。这类公园设计中通常利用现代景观设计手法，塑造新型城市景观空间，合理巧妙地引入传统建筑和景观元素，使传统和现代、自然和人文达到巧妙的融合。同时，景观设计充分融入其他学科的理论元素和体系模式，如设计中引入生态学的“廊道—斑块—基质”模式、细部处理时加入环境心理学内涵的思考等。

（三）湖泊型城市水体公园的特征

城市水体公园与其他陆地公园、风景区、广场及其他各种附属绿地相比有自己的特征，也有别于滨江、滨河、滨海等滨水景观。

1. 自然生态特征

水体公园是水域生态系统和陆地生态系统的综合体，具有两栖性的特点，并受到两种生态系统的共同影响，呈现出多样性。水体公园以湖泊为主体，景观的生态性显著，城市湖泊的生物多样性和景观多样性明显高于城市其他地区。因此，城市湖泊景观的营建，将大大提高城市生物的多样性，丰富城市景观。湖泊作为湿地的典型类型，具有涵养水分、降解污染、调节气候等功能，并拥有多样的生境，维护着城市生命的延续，有效调节城市的生态环境，增加自然环境容重，促使城市持续健康地发展。

2. 地域文化特征

景观设计是基于一定的时空场所，而这些场所或环境是有自己“故事”的，即人和人的意识在环境活动中留下的痕迹，它们就积淀成场所中的文脉。每个区域环境都有自己的“神”，有自己的历史文化。水体公园中的湖泊作为城市空间环境的重要组成元素，对城市历史文化的形成有着积极的意义，而且它本身又在特定的风土人情、文化传统、历史沿革背景下，形成生动、复杂又极具内涵的“城市水文化”。如儒家文化与江南水网的结合，形成了“小桥、流水、人家”与“青砖白墙”的独特景观。

城市水体公园中的湖泊水体以其活跃性和穿透力而成为景观组织中最富有生气的元素。湖泊的地形、地貌在水体的声、光、影、色的作用下，与地域灿烂的历史文化精粹相结合，形成了动人的空间景观。然而在人类活动的作用下，城市水体公园所呈现的不仅是单纯的物质景观，更是城市中的文化景观。人类与生俱来的亲水性，使水作为文化灵魂的载体存在于城市之中，它集中体现了深厚的文化底蕴和丰富的物质文明。

城市水体公园对待其存在环境的历史文化的态度应该是充分尊重湖泊本身所蕴含的历史文化内涵，充分认识湖泊文化内涵对城市历史文化的延续，这对水体公园的设计特色的体现有很积极的意义。城市水体公园的建设中要尊重所在区域的历史文化，应该运用保护、恢复、调整、创新等设计手法，突出水体公园景观的历史文脉。对于城市湖泊的历史文化，我们不能可有可无，一味地注重物质生态环境的建设，而有意或无意地忽视城市的文脉。城市水体公园的建设不仅仅是物质环境的更新，还有对其中湖泊文化和历史的传承的责任，强调湖泊的文化观是不可或缺的，当前我国很多城市在改造和更新湖泊环境中有意识地吸收西方先进的技术手段时，往往盲目地与国际接轨，造成景观千篇一律、特色丧失，丢掉了自己维护城市文脉的责任，这都是必须引起注意的。

3. 景观特征

“水”是水体公园最大的特色，是水体公园区别于奇峰峡谷、森林草地、火山熔岩、珍禽异兽的最大特性。它可以碧波万顷、浩瀚渺茫，也可以小桥流水、人家尽枕河，它昨日波光潋滟，今夜清水印梅、“印月影印月楼”；相对于城市樊篱，水体公园水域视线开阔，令人心旷神怡。

水可以微波荡漾，也可以波澜起伏。不同的运动状态给人不同的心理感受，形成不同的景观效果。静态的水面给人安静、稳定感，适于塑造独处思考和亲密交往的场所；动态的水体，形成旋涡、激流、飞溅，使人感情受到激荡、跌宕起伏。水体公园的湖泊是静态的，安静、稳定是湖泊区别于江河之水奔袭跌宕的自我性格，自然也是两种水体景观的差异点。

（四）当前湖泊型城市水体公园存在的主要问题及原因

近年来，国家和各地对湖泊型城市水体公园设计和开发建设逐步提升，使景观有了很大的改善，但是，仍然存在着以下一些主要问题：

1. 定位不准确

在湖泊型城市水体公园定位时，缺乏从社会、经济、文化和环境多角度的系统研究。公园建设是城市经济发展的体现，也是为城市经济发展服务的，因而湖泊型城市水体公园的定位一定要适于城市发展水平。中国当前一些城市不是从本城市的实际情况出发，忽视了城市经济的发展方向和城市的发展目标，公园定位过高，盲目设计，盲目随从，结果造成经济的困窘、景观受损，达不到推动城市发展的目的。

2. 失去自身特色，缺乏延续性

尽管湖泊型城市水体公园之间有着相似的特征，但是不同的城市湖泊仍然有着各自的特色，这些地域文化的特色正是这些湖泊型城市水体公园值得珍视的东西。有些水体公园设计缺乏中国特色的相关理论，一味追求所谓的“现代化”，在崇洋或求新的心理影响下，不顾原有景观元素的历史人文价值和地域特色，把整个区域推平了重新进行建设，放弃了自身的独特性，这往往在尺度和肌理上彻底割断了原有景观元素的延续性，降低了场地的归属感和认同感，同时也丧失了湖泊型城市水体公园的文脉特征。湖泊型城市水体公园景观建设的理论研究，大多停留在滨湖景观功能或形式层面的探讨上，设计理论大多倚重西方文化体系，而忽视传统文化遗产的发掘和借鉴，对城市湖泊景观的改造，不尊重、不研究历史形成的城市格局和环境关系，不但使水体公园失去自身特色，还破坏了原生态环境。

3. 周边建设与公园景观不协调

水体公园的自然景观和人文景观是应该受到保护的，开发建设活动也应有相关的控制。但是，目前很多开发建设忽视了对城市湖泊型水体公园与相邻城市地区之间的协调区建设的引导和限制。因而在水体公园的影响范围内出现了一些不合适的建设项目，破坏了水体公园景观的整体性和完好性。

4. 水域景观和陆域景观相互渗透性较差

湖泊型城市水体公园景观是由湖泊及其控制的陆地范围景观所构成的，目前城市湖泊型城市水体公园水、陆景观的相互渗透性较差，主要表现在水景和陆景相对比较独立，渗透方式单一，局限于桥、水榭的修建，忽视了在陆域景观中引入水景，亲水程度不够好。正是因为设计观念未及时更新，才导致设计中出现此类景观不协调、设施不够人性化的情况。

5. 水体污染严重

近几十年来，城市湖泊的周边陆域被不断侵占，水体也遭到了严重的污染，突出表现为水体富营养化。因而在湖泊型城市水体公园设计中，不能忽视了水系的设计，使得水体自然循环被阻断，水体的自净能力迅速降低，以致成为“死水”。

二、湖泊型城市水体公园立面的构建

从人的视角来讲，立面上的变化远比平面上的变化更能引起他的关注与兴趣。通常我们说的立面是指建筑的立面，它是建筑和建筑的外部空间直接接触的界面，以及其展现出来的形象和构成的方式。但本部分所研究的湖泊型城市水体公园的立面，是指在公园景观整体设计基础上的垂直面。它是指处在公园空间某个环境中，其前后左右整体的竖向、垂直向的设计，包括湖泊型城市水体公园的地形的竖向设计、植物群落的设计、建筑立面视觉控制、水体设计等。

湖泊型城市水体公园立面的构建是景观设计中的很重要的方面，因为从“立面”来观察和审视湖泊型城市水体公园的面貌，更能体现出水体公园的风貌特征，对于优化整体景观，促进生态平衡，具有很大作用。

（一）竖向设计

湖泊型城市水体公园地形起伏，使公园在立面上呈现有节奏的变化，公园的立面成为城市中重要的风景。地形的起伏可以引起景观竖向上的变化，可以使同等高度的景物在轮廓线上抬升或者降低，从而影响景观立面构图。在塑造地形时，我们可以利用凸地形来强调突出某种景观，也可以利用凹地形来削弱某种景观，营造起伏变化的公园风景轮廓线和层次丰富的公园立面风景构图。

湖泊型水体公园的立面是公园非常重要的观赏面，而立面的变化韵律和序列是影响公园立面构图的重要因素，所以塑造变化丰富、层次清晰的水体公园的立面风景是其特色和关键所在。仅仅利用其他景物要素的高差虽然也可以形成变化丰富的公园天际线，但往往会显得呆板和做作，人工的痕迹过重，而且风景的层次也会显得单薄。所以，在进行水体公园设计时要把地形设计和公园的立面风景构图结合起来，综合考虑，营造统一和谐的立面景观。

1. 竖向设计

（1）概念

竖向设计就是水体公园中地形、建筑物的高程设计。在准备建公园的地形上，因地制宜，统筹安排，对原有地形适当改造，使造园用地与周围环境之间、用地内部各组成因素之间，在平面线型和高程上有适合的关系，空间组合及过渡自然生动。

湖泊型城市水体公园竖向设计主要是确认地形高差，分析地势走向、地貌特点，如植被分布、有无古迹等，因地制宜地对原地形进行改造设计，同时做好道路竖向设计和建（构）筑物竖向设计。一个公园景观的好坏，设计美感给人留下的是第一印象。在水体公园竖向设计时，应该充分利用园区内特有的大面积湖面，结合起伏跌宕的地形、地貌，合理地进行竖向设计，从而使得湖泊型城市水体公园富有生命力，与大自然和谐相处。

（2）方法

在现在整向设计中，等高线法应用得较为广泛。等高线法的设计思路与地形图绘制思路是一致的。采用等高线法进行整向设计的优点：一是地形改造情况明晰，读图容易；二是非等高线上点位的设计高程便于推算；三是便于各建（构）筑物的基准高程确定。采用等高线法的不足之处是地形地势适应性较差。如果增加其适应性，分小区域进行竖向设计，常常会造成设计复杂，工作量大大增加。

（3）原则

1）因地制宜，充分利用原地形，对原地形自然景观进行分析，提出利用、改造方案。

2）满足不同分区对地形的不同要求。如安静休息区一般要求山重水复，环境幽静，而文娱活动区则要求地形平坦，景观开朗。

3）梳理水的走向和调整湖面的大小、节奏。

4）利用水体公园内有利的自然山形，注重山形的连贯和主次，塑造景观。

5）利用地形和建筑对风向的疏导，同时抓住水体公园湖面开阔的优势，在一定程度上为公园生态创造条件。

6）追求开合自然的水体、山地流动空间效果。

7）促成各造园要素在竖向上的有机结合。

8）注意原地形的变化对排水、交通、建筑和植物的影响。

9）与平面设计相配合，创造更好的立面景观。

10）湖泊型城市水体公园是水陆两栖生态系统，地形改造应充分考虑原有系统的自然形态和生物系统的分布格局进行设计。

（4）道路竖向设计

道路是整个水体公园内外交通的枢纽，是水体公园各项功能联系的纽带，是整个水体公园的骨架，道路设计起着举足轻重的作用。因此，在道路平面设计和整向设计中均应引起足够的重视，做好道路竖向设计，基本上就能够控制好公园骨架的竖向设计。水体公园道路的设计一般有两种类型，一种是主园路型，另一种是游道型。两种形式各有特色，差别主要体现在道路在整个水体公园中所承担的交通任务上，具体采用哪种形式还要考虑道路和水体公园外部的衔接，以及公园道路和场地设计标高的协调。道路竖向设计的目的是确定合理的道路纵坡，设计基本思路是首先确定各个变坡点的设计高程，进行各段道路的试坡，从而达到各段道路及整体优化。

（5）建（构）筑物竖向设计

对于重要建（构）筑物或者对竖向有特殊要求时，在建（构）筑物的竖向设计中，应首先确定设计高程（或相对高差），并将其作为一个主要控制点，水体公园及道路等整向依据其高程进行设计。但大多情况下，因为将水体公园某些平整区域大致整平后，从整体上可以控制公园的基本高程，确定处理相应的坡向，同时可以控制其他的建（构）筑物设计标高，所以将水体公园大致整平后的设计标高作为主要控制因素。同时水体公园道路高程设计对公园内建（构）筑物的高程设计具有相当大的影响。确定了水体公园及道路中心设计标高，可以以建（构）筑物四周临近道路设计标高为基础，增加适当高差作为建（构）筑物的室内或者上表面设计标高。

2. 案例分析：田家湖公园整向设计

（1）田家湖现状地形

现状地形呈蝶状，东西长1900余米，南北宽约800米，周边湖泊、水塘、水渠分布密集。现状标高均在26 ~ 27 m，地势过于平坦，虽不利水体流动，但可形成大面积静水区域。田家湖现为村民养殖珍珠的场所，水质良好。周围的小池塘也是村民养鱼和养莲藕的场所，水面清澈见底。八湾渠、华南渠为沟通其他其它水系的主要水渠。湖面宽阔，开敞，景观视线通透。

（2）竖向设计

田家湖现状地形较为平坦，地形起伏主要是通过不同规模的景山垒积而成。在人工营造田家湖公园的地形、地貌形态设计上，按田家湖原有系统的自然形态和生物系统的分布格局进行设计。其中陆地区域主要设计以丘陵、缓坡平原等为主体的地貌特征，地形坡度以平缓舒展为宜，一般不大于土壤的自然安息角。因为田家湖公园的生物多样性主要分布于水陆过渡空间，所以田家湖公园的水陆过渡空间的地形设计主要根据原有田家湖水岸进行改造，保护并增加岸线的自然弯曲，设计堤、岛、滩涂等地貌，拉长水岸线的长度，增加水陆过渡的浅滩面积，进而增加田家湖公园植物生长空间。在设计时结合地形走势，在丘陵地貌中间穿插设计池塘、河道、溪流、岛屿、长堤、浅滩、沙洲等，共同构成田家湖公园丰富多样的地形地貌特征。

在田家湖公园竖向设计中，道路设计随着自然等高线布置，沿湖岸蜿蜒曲折，体现曲线美；建（构）筑物高低错落有致的布置，体现人工景观的错落美；利用自然山坡作为建筑的背景，塑造良好的天际线；通过高程的控制、坡度控制做到公园空间多样，各部分各具特色，既相对独立又相互贯通，做到设计形式既与内部结构相和谐，也与环境功能相和谐，实现生态与美学统一的整体和谐；利用自然地貌特点，增加平面的生动活泼之美。

（二）植物群落设计

优美的植物群落景观是湖泊型城市水体公园立面景观所必不可少的。水体公园通过不同植物种类组成群落，是一条最主要的也是最能体现自然生态理念的途径，他们不仅能够改善城市的小气候，而且在维持水体公园生态系统平衡方面也起到关键作用。植物群落决定了水体公园的植物景观立面的外貌及林冠线。滨湖区域的植被栽植应尽最大可能增加植物多样性，采用符合自然界植被群落的形式。

1. 构建多重层次植物群落

（1）滨湖区域植物景观的营造应与其他地区植物景观有所区别，因为滨湖区域的植物不只是美化环境，同时还担负着改善水体水质、涵养水源的重任，故滨湖区域的植物景观层次应更加丰富、更接近自然植物群落。最好应遵循乔木、亚乔木、大灌木、小灌木、地被（观叶或观花）、草坪、湿生植物、水生植物这样一种栽植模式。

（2）在山体、驳岸等自然景观区，应考虑植物的种群多样性，考虑落叶林、常绿林、乔木、亚乔木、果木、灌木、花灌木、草种、花卉、亲水植物的有机搭配，营造自然茂盛的山体、滨湖植物景观。

（3）除了应用大量的乔木、灌木、地被植物外，还要利用好水体公园的地域优势，打造特色水生植物景观。通过种类组成丰富、结构合理稳定的滨湖绿带和岸边湿生水生植物群落的培育、恢复形成陆生—湿生—水生的生境、植物群落和生态景观连续过渡，具有水陆交融的自然优美的景观和滨湖地带。典型的自然滨湖地带的植物群落序列，是基于岸边至湖底连续降低的缓坡地形，形成了从由乔灌木和地被植物组成的陆生生境植物群落，过渡到岸边水体中的浅沼湿地的湿生挺水植物群落，再随着水体渐深而变为浮叶、沉水植物群落，直至深水区的漂浮植物群落。

2. 丰富植物的树形与林冠线变化

树形主要是通过乔灌木的外形表现出来的。滨湖植物无论是在城市建成区还是野外，主干树种都是池杉、水杉的尖塔形树种。另外构建滨湖景观时还大量栽植垂柳于岸边，垂柳垂枝形的树形所具有的飘逸、轻盈的特质还不能完全表现出来。因此就单体植物景观效果而言，所形成的景观基调是挺拔、高耸，富有力度。虽然尖塔形树种所营造的景观也有很高的观赏价值，但是也应多营造一些以圆形、椭圆形、垂枝形、伞形等其他树形为主的植物景观，形成具有温和、稳定、轻松等特点的景观。

从植物群体来看，水际线有相当多的地段所配置的植物，如果高度都十分接近，植物群落的林冠线近似于一条水平线，缺乏高低起伏的变化，那么就降低了观赏价值。当视距在 100 ~ 1000 m 时，植物群体特征比个体特征在视觉中更明显地占据优势，林冠线的形态在观赏中尤其重要。在植物配置中可利用地形或植物种类、年龄、配置方式的变化来加强植物群落的林冠线的变化。

3. 配置群落结构复杂的植物群落

植物群落中所存在的问题是群落结构大都过于简单，植物之间难以表现出内在的秩序性与外在的整体性。从植物群落的垂直结构上看，一般仅有乔木层和草本层；每一层内植物的高度也都十分相近，在外观上仅仅表现为简单的两个层次。从植物群落的水平结构上看，大多数植物群落都难以区分出水平结构上的差异。过于简单的群落结构使各种树形、色彩、质感的对比与调和所产生的植物群体美无法展现，而且直接导致植物群落的季相单调。因此，应当在对植物生态习性与观赏特性充分了解的基础上，精心搭配出群落结构复杂的植物群落，丰富水际植物景观。

4. 加强滨湖植物景观

水生植物可分为挺水、浮水、漂浮和沉水植物四类。条带状分布的挺水植物修长秀美的叶片、成片覆盖水面的漂浮和浮水植物叶片，都与陆地上中生植物的形态完全不同，它们最能够体现滨湖景观特色，具有很高的观赏价值。但是在景观设计中，却只有很少的滨湖地带利用水生植物体现滨水特色，所运用的种类也十分单一。除了配置最为广泛的荷花以外，睡莲、泽泻、菖蒲等仅在个别水际地段出现。水生植物基本上都是野生的。除了水生植物外，栽植于临近岸线浅水带或远离岸线的水域中的耐水湿乔木也能够表现滨湖景观特色，一般采用不等距列植、丛植或林植等配置方法。

利用水体周边植物的倒影造景也可以体现滨湖的特点。在人工营造的景观中，水际景观模式多为单水体垂直景观或单水体平行景观，能够较好表现植物倒影的多水体垂直景观与多水体平行景观的模式较为少见。在单水体垂直景观中如果视点与对岸的距离超过100 m，由于距离遥远，就难以欣赏到植物在水中的倒影。因此，在景观设计中，应有意识地对水陆关系进行改造，更多地产生多水体景观，增加植物在水中产生倒影的机会，并在合适的位置设置视点。

（三）建筑视觉环境控制

1. 协调湖岸建筑与湖面的尺度关系

湖岸建筑等景物对湖泊整体景观的可达性和通视性的影响是非常大的，当沿岸高层建筑等硬质景观过于靠近湖岸会使湖面的空间产生压抑感，所以湖岸的一定范围应设为公共开敞空间，建筑用地向后推移一定的距离，使湖岸建筑与湖岸及湖面之间形成很好的空间尺度关系；但后退距离与建筑高度的控制有很大的关系，古希腊人发现了1 ∶ 1.618的黄金比例关系；而文艺复兴时期的建筑师帕拉蒂经研究指出：1 ∶ 1，1 ∶ $\sqrt{2}$，1 ∶ $\sqrt{3}$，1 ∶ 2，1 ∶ $\sqrt{5}$ 都是让人感到和谐好看的比例关系；日本高桥研究室编的“形态数据文件”也对D/H的比例关系做出分析，认为当D/H小于0.5（视角大于63°）时，有封闭恐惧感；当D/H在1 ~ 3（视角在45° ~ 18°）时，人的感觉较舒适；当D/H大于3（视角小于18°）时封闭感消失，建筑和湖岸互为独立，失去了联系。

2. 控制垂直水体方向的建筑物的高度

通常由湖区向四周逐步增高，近水的建筑为低层，层数一般控制在二到三层，以形成渐变的景观层次，如瑞典的苏黎士城市环苏黎士湖沿山坡而建，形成从湖面到市区逐渐增高的错落有序的城市空间，从市区向湖面，建筑均不被遮挡，可眺望苏黎士湖及湖对岸的雪山。田家湖公园内建筑高度宜控制在1 ~ 3层，个别起制高景观的建筑可以具体确定。所有建筑若有可能，应通过地形的变化与建筑围合关系，达到高低错落、疏密有致的空间组合形态。

3. 湖滨地区应控制建筑密度和容积率

沿岸避免大体量平行水体的建筑，将沿湖区域开辟为城市公共绿地，保证湖滨的自然生态环境的平衡，并通过游步道、休憩小广场、亲水平台、临水亭廊等的联系和组合为人们提供亲水、近水、赏水的休闲、娱乐和运动空间和场所，体现自然生态环境和人为物质环境的协调共生。

（四）水系及水位调控

湖泊型城市水体公园设计，如果过多地考虑园林美学的要求，相对忽视了对水体生态学方面的考虑，最终会导致水体的污染，其水生资源及美学价值受到损害。水体设计包括水系设计、水体循环、水体净化等，以期在建设水体公园后，能使全湖进入一个良性循环系统。自然的水循环系统是最经济有效的水体形式，尽量按原有的流向及岸线设计水体，保持两岸良好的自然植被不受干扰，使整个生态系统形成完全连接。下面将以田家湖公园、斑马湖之西湖水体设计为例，进行研究。

1. 水系概况

华容县城地处洞庭湖区，周边水系发达，河流水网密集，城市建成区内和周边有华容河、田家湖、蔡田湖、赤眼湖和二郎湖等较大水体，同时也包括护城港、华南渠、华护渠、五星港、东支沟、八湾沟、治湖渠、南支渠等沟渠。因区内地势平坦，水体流动性很差，华容河是县城对外排水的唯一出路，进出口两端的调弦口、旗杆嘴建有两座闸门，使其成为一条半封闭型河流。当两岸干旱、严重缺水和长江高洪需要紧急泄洪时，即开调弦闸进水或过洪；当两岸潦霖，河水渍水高时，即开旗杆嘴闸将水挤入洞庭湖；平时两端保持封闭。区内湖泊、水塘等水体，通过水渠相互连通，是区内主要的农业灌溉用水，并连通华容河，当内涝或水位超过控制水位时，闸门自动开闸往华容河排水。

总体上，田家湖区域水系发达，现状水域面积广阔，但地势低洼，水体流动性差，加上排涝装机不足，设备严重老化等问题，严重影响了田家湖与周边水系的水循环，虽有纵横的沟渠和大水面，却是无法流动的死水，对华容县城的生态系统和城市风貌造成不好的影响。

因此，要使田家湖区域排水成为一个完善的系统，保证排水的通畅，形成区域活水循环，使田家湖换水具有可行性，必须对田家湖及其周边的水系进行疏通改造，对水源、水循环线路、水量等进行科学合理的分析研究。

2. 引水水源

从田家湖周边的水系来看，能够提供田家湖水循环的水源主要有西北面的塌西湖、西面的蔡田湖、南面的赤眼湖及东北方的华容河。为保障田家湖建成后，能有足够的水流注入和排出，形成流动水系统，保证水质清新，不至于形成死水污染环境，最初设想从周边的塌西湖、蔡田湖、赤眼湖三个湖泊引水，经过现场调研分析，塌西湖、蔡田湖排水渠道不通过田家湖，引水方案的实施可能性很小。

塌西湖位于规划区西北角，与田家湖直线距离 10 公里，集水面积 9.8 平方公里，容量 980 万方，常年水位标高 27.5 米（吴淞标高）。蔡田湖位于规划区西面，距离田家湖直线距离 5 公里，集水面积 2.75 平方公里，容量 300 万方，常年水位标高 27.5 米（吴淞标高）。两湖水通过凌涛渠、万电港、治湖渠三条渠道排入华容河，当水位超过 27.5 米（吴淞标高）时，石山矶机埠自动排水。

赤眼湖位于规划区南面，与田家湖直线距离 6 公里，集水面积 4.1 平方公里，容量 287 万方，常年水位标高 28.5 米（吴淞标高），虽比田家湖水位高，但由于其库容量较小，现状水量不足，亦不能作为田家湖的水源，通过赤眼湖引水方案的实施可能性也较小。

华容河作为内河，北接长江，南连洞庭湖，常年均有较充沛的水量，而且距离田家湖较近，通过护城港、治湖港、华南渠和华护渠等与田家湖相连接，当田家湖水位超过 27.5 米（吴淞标高）时，石山矶机埠和麻涅泗机埠自动排水，因此可以通过改变水循环线路，将华容河作为田家湖的水源，形成区域排水系统。

第二章　城市河湖水环境的变化规律及保护

第一节　城市河湖的污染源及水环境保护

对于城市景观河湖来说，要成为生态良好、景观美丽、市民喜爱的水城，最重要、也最基本的一点就是要保持水体的清洁，清澈的水流和碧波荡漾的水面才能发挥出其生态效益和景观效益，会使居民受益。相反，如果是“一池脏水”，不仅不能发挥环境效益，还会成为环境的污染源，会成为市民躲避和讨厌的对象。由于河湖处于人口密集的城市内，因此极易受到人类活动的污染，污染来源构成复杂，污染控制是一件难度很大的事情。

通过调查发现，水系的主要污染源是生活污水及人为弃污，也有一些自然污染。污染源基本构成如下：

1. 生活污水。在水系附近，有几片平房居民区，家庭生活污水排入地下管道，直接流入河道。多数入河排污口比较隐蔽，不是设在明渠，而是设在暗沟内，河道上游无来流的时候，污水储留在暗沟内，当河道上游有来流时，污水和垃圾则流出暗沟，瞬间对河道造成严重污染。也有一些城区建筑没有实施截污处理，而是就近排入河道，造成河流污染，比如使馆区的生活污水就直接排入亮马河。

2. 人为弃污。目前，城市建设如火如荼，河流沿线的建设工地比比皆是，施工人员为了方便，经常偷偷地将渣土、生活垃圾、废水倒入河道；水边一些餐馆、水上餐厅等经营场所将残渣剩饭、垃圾、污水弃入湖中；路边行人、小吃经营者将饭盒、垃圾等投入河道，清洁工人为了偷懒，将抽粪车中的粪便偷偷倾入河道；还有行人将河沿当厕所等。人为弃污种类很多，防不胜防。

3. 雨水管污染。据当地居民反映，河道两侧的十几个雨水管经常有污水流入，这些污水来历不明，多属于人为弃污。经调查发现，街道两旁的小饭馆、小卖铺等为了方便，将污水倒入路边的雨水沟，污水量大时就会流入河道。此外，特别是春季，经过了一个冬天的积累，马路边的雨水沟内积累了大量的尘土、垃圾、脏物，没有径流时，这些垃圾在雨水沟内睡大觉，下雨时，街面形成径流流入雨水沟，将沟内的垃圾一起冲入河道，造成严重污染。所以，每年春夏季节，第一场大雨是最脏的。

不管怎样，雨水管是一个通道，在水流的冲刷下，将市街地上的污染物送入河湖。雨后，街面变得干净，而河、湖却变得污浊。

4. 自然污染。春天的大风将土地上的尘土、垃圾扬起抛入河道，夏天的雨水将泥沙、垃圾冲入河道，造成污染。秋季，河边大量树叶飘落在水面，如果不及时清捞，漂浮数日后就会沉入水底，逐渐腐烂发酵，形成有机底泥、释放营养物质于水中。这些都属于自然污染。

5. 防卫性污染。调查时发现，由于水脏，附近蚊蝇较多，水边平房有的住户使用很多农药灭蚊蝇，这种举动无疑进一步加剧了水环境污染。

城市水环境污染恶化了居民生活环境，严重影响了附近居民生活质量，居民怨气很大。投资者总希望在清洁的水面附近搞开发建设，住房购买者也希望周围水环境清洁，污染的水体显然对城市建设不利。

城市河湖水系的水环境有如下两个特性：一是易受密集人类活动的影响，控制难度较大，二是环境的质量对居民、对城市总体环境质量影响较大，社会发展的趋势要求必须进行治理。城市治污是一项系统工程，要达到治理目的、确保水质，必须采取综合性治理措施。在研究了污染源基本特征后，笔者向北环水系整治部门提出了以下建议：

（1）资金、行政、法律保障措施。

资金支持是污染治理的必要条件，一点资金都不舍得投入，一切治理措施就无法实施。

需要行政部门的大力支持。城市水系污染治理涉及面很广，不但涉及沿线居民，涉及外地进京人员管理，涉及众多部门，还涉及其他民族，涉及城市建设规划。因此，单靠水利部门或环保部门的力量是不够的，需要市政府的统一协调及强力支持。

需要法律支持。法律法规是人们共同遵守的准则，城市应制定保护水环境的地方性法律，让管理部门有法可依、依法行政，这样一些管理措施实施起来容易一些。

（2）工程保障措施，实施彻底截污、污 / 雨分流。

一般情况下，生活污水是城市水系中最重要的污染源，污水截流是治污的根本。另外，由于城市雨水（特别是初期雨水）较脏，而且雨水管经常被用作排污管，因此必须实施污 / 雨分流。

对老平房区进行搬迁改造。新建楼房居民区都有完备的下水道系统，但是，老平房区多数没有下水道系统，而且污 / 雨不分，这是造成河流污染的主要原因。不管从污染治理的角度还是从城市建设的角度，都需要对老平房区进行搬迁改造。

（3）市政管理措施。

加强城市的卫生管理，使街面保持干净，减少因风吹、雨水等因素将脏物带入河流。对自由市场、餐馆、外来人口聚居区进行严格的卫生管理，对建设工地卫生实行严格监督，对产生污染的路边小生意、洗车点进行环境改造或取缔。

环卫部门提高管理水平。鉴于环卫部门雇佣人员向河道倾倒垃圾、大粪的情况客观存在，环卫部门应提高管理水平，严格要求从业人员遵守规定，明确责任，建立相应的处罚措施。

合理布置垃圾处理站点和公共厕所。健全垃圾收集站点网络（尤其是公共场所），让垃圾有处可弃，减少无垃圾站（箱）而导致的随意丢弃。沿河设置一些公共厕所，让在外活动的人们感到方便，减少因为没有厕所而将河沿当厕所的现象。

拆除作为污染源的违章建筑。对形成污染的沿河餐馆、水上游乐厅等应取缔、拆除。

（4）加强环境管理、监督措施。

加强水系环境监督，成立水系环境执法监督队伍，依法行使职责，惩罚排污、弃污者。

加强河道的保洁工作。将岸边枯枝落叶、尘土、垃圾等及时清扫，将坡面进行及时护理，将漂浮在水面上的脏物、树叶等及时清出。

（5）水资源调控措施。

科学调配水资源。水资源不足是影响水质的重要因素，应科学调配水资源，做到既节约水源又保护水环境。此外，北京市计划建设一批污水处理厂，加强处理水应用的研究，可以考虑将处理后的洁净水引入河道。

加强水系协调管理。北环水系担负着向 16 处公园湖泊供水的任务，河流与湖泊由不同的部门分别管理，如何协调也是一个需要解决的问题。

闸门群联合控制科学化。北环水系闸门较多，管理又不统一，应制定闸门群的联合调度规则，设置信息化、自动化控制系统，运用科学的模式、先进的手段统一水流调度问题。

（6）公众参与措施。

应充分发挥公众保护环境的积极性。实际上，对河湖环境最关心的还是住在附近的市民，河道管理部门应建立与沿线居民（包括居委会等组织）的沟通渠道，公布举报电话，提出奖励措施，让居民有机会参与对污染源的监督，及时发现问题。也可以实行“门前三包”等措施，对水环境实行有效的监督和保护。

加强环保教育。沿河竖立一些警示牌，呼吁人们注意保护水环境。另外，利用电视、报纸、网络等新闻媒体的优势，加强环境保护的宣传。

（7）其他措施。

其他措施如在水边种植挺水植物、采用水下草场、向水中充气、放养鱼类等，对水质净化都有一定好处；另外，挖深河湖、增加水深，也会降低夏季水温，对水质保护有利。

第二节　城市湖泊的水环境变化规律

笔者在日常生活中非常注重观察河湖水质在一年四季的变化，发现如下规律：每年的3—4 月份，也就是水面结冰融化后的一段时间，北京的河湖水体都非常清洁，清澈见底，透明度很高；进入 5 月份以后，气温急剧上升，河湖水体则逐渐变得浑浊；夏天（7—8 月份），最热的季节，湖水最脏，富营养化现象经常暴发；到了 11 月中旬，经常来寒流，天气变得寒冷，湖面开始结冰，此时的河湖水又变得清澈透亮。湖水为什么会随季节发生以上变化？笔者想起上小学时的经历，夏天下大雨时，农村的池塘会积很多水，由于流入的雨水含有细颗粒泥沙，很难沉淀，池塘的水在整个夏天会显得浑黄，但是入秋以后，天气转凉，池塘水很快就会变清。

以上现象只能用水体的挟带能力来解释。水温高时，水分子运动剧烈，水体中挟带的细颗粒物质不易沉降；而水温变低时，水体挟带能力降低，颗粒物易沉降。而这种现象又必然会影响到水体的各种水质指标。为了验证以上现象，结合实际需要，笔者申请到一个研究课题，以北京市中“六海”为研究对象，对水质等指标进行了一年的跟踪监测，对结果进行了研究分析。以下对此次研究成果进行介绍。

一、项目背景

近年来，由于水资源不足、污染严重等因素，北京市相当一部分水域环境状况较差，夏季，市区的“六海”等湖泊富营养化严重，这些现象严重影响了北京市的生态环境及首都形象。治理水环境已成为恢复京城历史命脉、改善城市生态环境、实现首都可持续发展的基础和关键。北京将举办 2008 年奥运会，更加突出了水环境治理的必要性和迫切性。北京市政府对此十分重视，制定了规划，正在投入资金对市中心区河湖水系及外围水系陆续进行综合治理。治理措施包括河道整治、污水截留、水环境生态修复等，以便使京城水系水质得到根本改善，实现“水清、岸绿、流畅、通航”的目标。

要进行水环境治理，掌握水质及其富营养化变化规律是重要的前提。一般来说，湖泊水质与排污量、水温、流量等诸多因素密切相关。以北京市中心区的“六海”为例，由于水资源的严重缺乏，只能得到补偿蒸发及下渗的水，在水流“只入不出”的长期运行模式下，补给水中含有的部分污染物在湖泊中具有富集作用，易造成水质恶化。

目前，国内外围绕富营养化现象已进行广泛的研究，并取得了丰富的成果。在我国，水库湖泊的富营养化现象仍是一个突出的问题，相应的研究也已遍及国内主要河湖水库，特别是富营养化严重水域（如太湖、滇池等）。但是，对于城市小型湖泊的富营养化现象研究较少，对于“水质随季节如何变化”这样一些基本性的问题缺乏认识，因此本研究课题对于认识城市河湖水环境的一些问题很有意义。

目前，我国城市生态河湖建设处于起步阶段，具有良好的发展前景，在设计中需要了解河湖水环境与水深、气温的关系，这样可以进行科学设计，建设一个利于水环境保护的水系。因此，该项目的成果对于城市河湖的设计有重要的价值。

选取北京市“六海”为研究对象的原因如下：一是因为“六海”是北京市的核心水系，位置、作用很重要，富营养化严重，一直受到政府及社会的关注，是北京市污染治理的重点目标，对它的研究与认识更有意义；二是因为“六海”是个“死水域”，只维持少量补给水，水流只进不出，湖泊水体为静态，水质随气象变化明显，受来流等其他因素影响相对较小，易于发现规律；三是水域面积较大，比较有代表意义。

由于“六海”相互连通，考虑到水系的形状及其水流顺序，在水系的入口处、中间和接近末端处分别设置了3个监测点：松林闸入口（西海）、前海南端、北海南端，并分别编号为1号、2号、3号。

根据北京市近年来的河湖水系的水质资料，其主要污染物包括高锰酸盐指数、氨氮、总氮、总磷、PH值等。为了研究主要污染物的时空变化规律、观察其富营养化现象，对水质监测项目进行了优化选取。确定监测项目包括：气温、水温、透明度、电导（μS/cm）、溶解氧（DO）、PH值、氨氮（NH_3-N）、总氮（TN）、总磷（TP）、高锰酸盐指数（COD）、色度。

监测时间跨度为一年。考虑到12月、1月、2月这3个月份水面结冰，取水样困难，监测时间选在4、6、7、9、10、11月份，每月各监测一次，共计6次。

现场采样时，同步观察；测量并记录如下项目：水质感官状况；富营养化发生的情况，自然水温；透明度；记录监测时间前一周内的气象变化状况，含气温、风、阳光等因素。收集北京多年月均气温及自然水温资料，收集近几年的水质资料。监测时，通过水域附近的居民及公园管理处人员，调查近年来湖泊的治理情况，调查近几年富营养化发生情况等。

可以说，通过以上工作，能够比较全面地掌握和了解湖泊水环境的变化情况。

二、水温及水质监测值

在测量期间，最高水温发生在7月，为27℃～28℃；最低水温发生在11月中旬，约3℃。

三、高锰酸盐指数（COD）变化规律分析

COD浓度值范围为5.86～8.41 mg/L，介于地表水Ⅰ～Ⅳ类。因为1号点受补水影响较大，不作为分析的依据。从2号点和3号点来看，COD浓度随季节变化的趋势非常明显，主要特点表现为：浓度值从4月开始增大，至7月增至最高点，随后开始下降，至11月下旬，降至最低，一年内变化幅度达到了50%。COD浓度变化与水温变化有很好的对应关系，水温增高，COD浓度也变大，水温降低，COD浓度也变小。造成这种现象的原因可以解释为：水体挟带污染物质的能力与水温有密切关系，水温越高挟带能力越强，水温越低挟带能力越弱；当水温增高时，来自外界和底部的有机物质悬浮于水中，难以沉降，水温最高时，污染物浓度达到最大；当水温降低时，水体挟带能力变弱，水中的有机物又越来越多地沉降于底部。

在所有的监测数据中，前海（2号）的COD浓度值均大于北海（3号）。COD浓度受水体自净作用和外来污染源汇入、底泥污染物析出等的综合影响。前海COD浓度偏高主要有以下两个原因：一是周边存在一些污染源（比如水上餐馆）；二是前海水深较浅（比北海浅1.0 m），春夏季节水温上升较快，风浪作用下，水体对底部的剪切力较大，更易把底部的污染物搅起。北海是公园，环境管理较好，没有生活污水流入，而且水面面积较大，

水深较深，水温上升得较为缓慢，风浪不易把底部的有机物质搅起，所以水质较好。

南部三海（北海、中海、南海）的补给水是从前海流入的，流淌过程非常缓慢，当水流从前海补进北海后，水质有了明显的好转，可见，湖泊水体的自净效果还是很明显的。这个事实也说明，一个湖泊，只要截断了污染源，靠着其自身的净化能力，可以维持良好的水质。

四、氨氮变化规律

在监测时段内，各监测点的氨氮浓度值范围为 0.03 ~ 3.94 mg/L，为地表水 I ~ 超 V 类水（GB3838—2002）。水体中的氨氮主要来自生活污水中含氮有机物的分解。春夏季节，氨氮浓度值衰减较快，水温最高时达到一个低谷。由此看出，氨氮浓度与水温有相反关系，水温升高，氨氮会加快分解和逸出，浓度变低。入夏以后，氨氮浓度虽然有微小的波动，但基本在同一水平上，属于正常测量误差范围。

将 2 号点和 3 号点的浓度值进行比较可以看出，前海浓度一直高于北海，原因与 COD 情况相同，前海周围有生活污染源，北海周围没有污染源。补水从前海进入北海后，氨氮浓度有了一定程度的降低，可见湖泊对氨氮也有明显净化作用。

五、总氮变化规律

各监测点的总氮浓度值范围为 0.05 ~ 6.9 mg/L。由于北护上游施工，河道水源状况在一年内变化较大，时干时丰，松林闸引水时引时停，1 号点有两次是在西海监测，因此在分析时不考虑该点。

从 2 号、3 号曲线来看，总氮浓度随季节变化的趋势比氨氮更加明显，天气炎热的季节总氮浓度变低，主要是因为水温高时其分解、挥发速度会加快，这个规律在 2 号点表现得最为突出。春季一方面由于补水带来了新的污染，另一方面由于底泥释放，总氮浓度较高；夏季由于耗散量增大，成为全年中浓度最低的时期；秋季又有所回升，到了冬季又变低。可见水温对总氮有两个作用：第一是影响分解挥发的速率；第二是由于挟带能力的变化而影响浓度。水温很高时第一个因素起主导作用，水温很低时第二个因素起主导作用。

比较 2 号点和 3 号点可以看出：2 号点总氮浓度始终比 3 号点高一些，原因在前面已经讲述。2 号点周围有污染源，而且水深较浅，各种影响较为显著；3 号点水深较深，周围环境状况较好，总氮浓度较低。湖泊对总氮有净化作用。

六、总磷变化规律

总磷浓度值范围为 0.03 ~ 0.61 mg/L。除 3 号监测点的 6 月、11 月，2 号监测点的 6 月的监测值外，其他监测值范围为 0.11 ~ 0.61 mg/L，均大于水体发生富营养化的总磷浓度临界值（0.05 mg/L）。实测总磷浓度与发生富营养化临界值的比值范围为 1.2 ～ 12.2，由此可见，水体中的总磷浓度已远超富营养化的临界值。

2 号、3 号两个监测点总磷的季节变化趋势比较一致，总体趋势表现为夏季高，其他季节低的显著特点，变化幅度达到 100%。水体中的磷主要来自内源性磷和外源性磷，内源性磷主要来自底泥，外源性磷主要来自水体外部的汇入。由于总磷难以分解和挥发，因此它的表现特点与总氮截然不同。对于一个较封闭的湖泊来讲，总磷容易富集化，这也是水体富营养化的最主要原因。

以上现象可以解释为：夏季温度较高，水体的挟带能力较强，从底泥中释放至水体的磷多于从水体沉降的磷，所以浓度升高；当水温降低时，水体的挟带能力变弱，溶解于水中的磷又沉淀于底部，沉降的多于释放的，所以浓度又降低。可见，浅水湖泊中的磷在水体和底部之间的变换是很剧烈的。夏季，磷从底泥中析出；冬季，磷从水体中沉降。水温则是重要的控制因素。

总磷的空间分布特点与氨氮、总氮基本一致，原因也相同。从监测结果来看，西海、前海的总磷浓度高于北海，一个重要原因是西海、前海水较浅，在太阳的照射下水温较高，底部释放总磷更容易，导致磷浓度较高，北海水较深，水温稍低，底部释放也更困难一些。

七、富营养化现象

富营养化是指氮、磷等无机营养物大量进入湖泊、水库、海湾等相对封闭的水体，引起藻类和其他水生植物大量繁殖，导致水体溶解氧下降、水质恶化、其他水生生物大量死亡的现象。水域发生富营养化后，藻类大量生长，并产生水华、藻团、缺氧、水生植物生长过快的现象，在富营养化严重的水域，水体的味道、颜色还会发生异常，这些都会影响到水质及水资源的利用。

目前，北京市城市水系的富营养化现象十分严重，由于生活污水、垃圾等源源不断地排入河道，再加上水资源贫乏，没有清水来替换原有污浊水，因此河湖污染物质快速富集。每年夏季，北京市区的“六海”、筒子河、水碓湖等水体发生严重富营养化。

判断富营养化的指标可分为物理、化学和生物学三类指标：物理指标主要指气温、水温、透明度、照度、辐射量等，其中透明度是最常用的指标；化学指标指与藻类增殖有直接关系的溶解氧、二氧化碳、氮、磷、营养盐类等化学物质量，以及与藻类现存量有关的化学需氧量；生物学指标大致分为藻类现存量（叶绿素 a）、生物指标（调查特定生物出现的状况）、多样性指数（调查群集生物的多样性）、藻类增殖的潜在能力（AGP）。

由于富营养化现象的复杂性，上述指标往往交织在一起来衡量富营养化的状态。例如，美国国家环境保护局（USEPA）、美国国家科学院（NAS）和美国国家工程院（NAE）根据水体营养物质浓度、藻类所含叶绿素 a 的量、透明度及水体底层溶解氧等指标来划分水质营养状态。日本湖泊学家吉村根据湖泊学及水质理化指标、生物学特征和底泥特点，提出了贫营养化和富营养化的判定标准。我国湖北省环境保护研究所等在对武汉东湖进行环境质量评价中，提出了东湖富营养化评价标准，其评价比较侧重水化学指标。

造成水体富营养化的因素很多，其中最主要的是氮和磷元素，这已被众多的试验和监测资料所证实，因此氮磷元素是研究富营养化的关键所在。经济合作与发展组织（OECD）的研究表明，水体中氮磷浓度的比值与藻类生长有密切关系。Vollenweider 在总结 OECD 的研究成果后指出，80% 的水库湖泊的富营养化是受磷制约的，大约 10% 的富营养化与氮和磷元素直接相关，余下约 10% 与氮和其他元素有关。一般情况下，水体中藻类可利用的氮远比可利用的磷多，因此磷的含量通常被作为富营养化的标志。我国湖泊富营养化现状大部分情况下磷都是水体富营养化的关键性限制因子。

判断湖体是否发生富营养化的分级标准。水利部水文司 1995 年编辑出版的《中国水资源评价》中的我国湖库富营养化评分法及评定标准中有相关标准，此标准是我国水利系统常用的湖库富营养化划分标准。其中，水体处于中营养—富营养化过渡水平的总磷浓度值为 0.05 mg/L，总氮浓度为 0.5 mg/L。

在本项研究中，主要以总磷、总氮浓度为考虑因素，以水利部水文司 1995 年的标准为依据，结合现场观测到的实际现象研究北京市水系富营养化随季节变化的规律性。

在 3 个测点的 6 次监测中，总磷浓度绝大多数在“富营养”的范围内，只有个别点次在“中营养”的范围内。因此，仅从磷的浓度来看，研究对象全年都具备了发生富营养化的条件。实际上，富营养化是否发生不仅仅取决于营养元素的浓度，还取决于水温和流态。下面就观测到的现象进行描述和分析。

4 月 9 日，自然水温约 12℃，监测各点没有发生富营养化的任何迹象。6 月 17 日，前海由于水浅（平均约 1 m），水温较高，达到 28℃，出现了中等程度的富营养化现象。而北海由于水深较深（平均约 2 m），水温低一些，约 26℃，只是刚开始出现富营养化的迹象。7 月 10 日，天气炎热，前海水温 28℃，出现了重度富营养化现象，水面漂浮有大量的绿藻，水华现象十分严重。而北海水温 27.5℃，出现了中度富营养化现象，程度比前海低得多。9 月 1 日，水温回落至 25℃以下，各点的富营养化现象有了很大程度的退化，前海由重度退化为中度，北海由中度退化为轻度；10 月 14 日，水温 12℃，各处的富营养化现象已基本消失；11 月 25 日，水温 3℃，天气寒冷，水面出现了薄冰，水质非常清洁，富营养化的踪迹完全消失。

从以上实际现象可以得到以下几点认识：第一，在营养物质浓度满足条件的前提下，水体发生富营养化与季节有密切关系。在观测水体中，当水温不足 25℃时，一般不会发生严重的富营养化，当水温上升至 26℃以上时，会发生严重的富营养化。第二，湖泊水深对富营养化的发生影响较大，水深越深，水温上升越缓慢，富营养化越不容易发生。反之，水深越浅，水温随气象条件变化越剧烈，水温越高，越容易发生富营养化。第三，在北方地区，每年的 6、7、8 月份气温最高，是富营养化发生的季节，其他月份气温较低，一般不会发生严重的富营养化现象。

八、主要结论

1.“六海”水质在一年中的大部分时间内不能满足功能要求，主要污染物COD、NH_3-N、TN、TP浓度均超标，污染物主要源于补给水，其次是湖泊周围的餐馆、酒吧等排污及人为弃污。

2. 湖泊COD、TP的浓度随季节发生明显变化，表现为夏季高、冬季低的特点。二者浓度变化与水温有很好的对应关系，水温增高时浓度增大，水温降低时浓度变小。原因是：水体挟带污染物质的能力与水温有密切关系，当水温升高时挟带能力增强，污染物质悬浮于水中，难以沉降，表现为水质变差；水温降低时挟带能力降低，水中的污染物容易沉降，表现为水质变好。污染物在水体和底泥之间的交换过程也明显受水温控制。

3. 湖泊总氮浓度随季节变化较为复杂，夏季、冬季浓度最低，春秋季节较高。春季由于外来污染及底泥释放，总氮浓度较高；夏季因水温很高，导致其分解、挥发速度加快，浓度变低；秋季又有所回升，到了冬季又变低。水温对总氮有两个作用：第一是影响分解挥发的速率；第二是由于水体挟带能力的变化而影响浓度。水温很高时第一个因素起主导作用，水温很低时第二个因素起主导作用。

4. 湖泊水体对各类污染物的自净效果较明显，只要截断了各种方式的污染源，靠着其自身的净化能力，可以维持良好的水质。

5. 关于富营养化现象主要有以下几点认识：第一，在营养物质浓度满足条件的前提下，水体是否发生富营养化与季节有密切关系。对于观测水域，当水温不足25℃时，一般不会发生严重的富营养化；当水温上升至26℃以上时，有可能发生严重的富营养化。第二，湖泊水深对富营养化的发生影响较大，水位越深，夏季水温上升越缓慢，富营养化越不易发生，反之，水位越浅，夏季水温越高，富营养化越容易发生。第三，在北方地区，每年的6、7、8月气温最高，是富营养化发生的季节，其他月份气温较低，一般不会发生严重的富营养化现象。

6. 根据“六海”水系的水质现状及变化规律，采取适当的措施可以提高水环境质量。

九、水环境保护措施建议

根据“六海”水系的水质现状、变化规律及污染源特点，为了保护水环境，提出了措施建议。建议中除了有实施截污、加强城市综合管理、加强河湖保洁、加强宣传等一般性措施以外，还包括如下措施。

1. 湖泊局部挖深

根据以上研究成果，湖泊越深，风浪影响越小，夏天水温越低，水温变化越平缓，底泥污染物质释放量越少，水质越好，越不易发生富营养化。因此，对于局部湖体较浅地段，可以挖深，这对于保护水环境有一定作用。但是，也不是越深越好，如果太深，底部水体不易获得氧气，对水质净化也不利。一般情况下，城市湖泊的深度以 2 ~ 4 m 为宜。

2. 生态修复

可以通过生态结构改造的方式，构建一个立体生态系统以达到生态修复的目标，例如种植水下草场、构建人工湿地等。但在改良过程中，应注意生态安全性及其后期维护。

3. 夏季利用地下水抑制富营养化

富营养化发生在水温较高的季节（6 ~ 8 月），夏季可以考虑抽取温度较低的地下水作为湖泊的部分补给水源，通过降低水温可以抑制富营养化的发生。

4. 科学调配水资源

水资源不足是影响水质的重要因素。在北京市缺水的严峻形势下，科学地调配水资源，兼顾节约水源与保护水环境，是水系水环境治理的目标。未来南水北调工程通水后，可以适量地向河湖系统供应一些清洁水。

第三章　中国当代城市滨水地区面临的问题与挑战

城市滨水地区的重要性在于其丰富的环境景观资源。比如水岸能提供最大的城市景观视域，对于城市尺度的空间，河流往往能提供最为恰当的视距和景深，提供最为丰富的景观边界（Edge）和水岸边际线（Skyline），由此提供完整的城市天际线和整体城市意象（City Image）。对于城市景观而言，地处水岸边际的城市区域提供了城市高密度人工环境伸向自然区域的通道和窗口，按通常的话说，是一个地区景观信息量最大、特色最集中、景观层次最丰富，同时也是人工与自然风景相交融的区域。

滨水区域的绿色基础设施建设决定了一座城市的基本环境风貌和环境质量，在进入工业化时代以后，滨水区域功能由廉价航运转向提供舒适环境的过程中，滨水区域规划在空间上的适宜性（尺度），功能上的亲水性（交通，人车分流）和环境上的舒适性（景观风貌）等方面提出了极高的要求。同时，大量的现代城市功能的加入，使得滨水地区亦成为城市功能最为集中的区域，城市的标志性街区、建筑，大众娱乐休闲和文化建筑，城市的传统风貌区往往都沿着水岸线布局，使之成为环境资源矛盾最为突出的地区。在满足现代城市生活的同时，在空间上也会造成功能叠加，面貌杂乱，人车混流等诸多问题。

因此，滨水区域的规划难度远远不止于水岸风貌的塑造和功能的便捷舒适性，更应包括水利的安全性，生态的可持续性，市民使用方面的连续性、开放性和整体城市风貌的一致性、独特性等方面。

20 世纪 80 年代后，随着城市的扩张，河流被传统水利的单一功能取向所绑架，单一的蓝线规划、简单粗暴的处理手法，使大量具有丰富生境和蓄滞洪能力的天然河道被硬化、渠化，成为僵硬板直、毫无自净能力的泄水渠；河流被过度开发、过度截流，导致天然河流弱化为节点性的湖沼，河段大面积断流，自然生境急剧缩减，对季节性洪水的抵御能力大大下降，许多城市河流因此退化为季节性水洼，难以形成与现代城市相适应的水面；工业时代直接向城市河流排污的做法依然延续，大量污染物的流入使河流难以自净，最终沦为永久性的城市弃物垃圾填埋场和市民避之唯恐不及的藏污纳垢之所；河流因城市建设用地紧张而被无情地覆盖，成为地下暗流，这种做法甚至从中国封建社会的后期就已经开始蔓延，最典型者，如清代后期苏州城市河道的大面积占用，最终导致原有具有极强的防涝、自净能力的环城水系统崩溃。由此，我们倡导挣脱混凝土河岸对自然的束缚，恢复河道的自然流程，掀开盖子，让河流重见天日，让河流与现代城市重新携手。

第一节　安全的滨水——河流景观与水和安全的协调与兼顾

一、简单粗暴的河道治理模式

误区解析：安全不等于全面渠化，修堤筑坝；直线河道不等于有效率的河道，城市河道在功能上往往兼具排洪、排涝等作用，传统水利部门控制洪水的工程手段主要是对自然的城市河道进行裁弯取直，加深河槽，通常采用混凝土浆砌驳岸，加之上下游之间层层堰坝水闸，将一条条自然河流层层捆绑。封闭硬化的堤岸改变了河道的自然流程，停止了自然河道的沉积和切削的水动力过程，浆砌、缺乏渗透性的驳岸隔断了护堤土体与其上部空间的水气交换和循环，了河道的自然过程，剥夺了生物多样的家园，对河岸生态系统的完整性和水系净化作用的发挥造成严重阻碍。同时由于河道的植物充氧、微生物降解等水体自净能力的丧失，也进一步加剧了河水的污染程度。

另外，用垂直陡峭的浆砌护岸将人与水分割开来，使城市滨水区域成为可望而不可及的"遥远"水面，这一做法严重影响了城市滨水休闲的生活空间和各种滨水交互功能的发挥。而在单一水"安全"价值取向之下，将自然形成的梯级河道系统简单粗暴地裁弯取直，并视之为"效率"，则无异于暴殄天物，无论是水生态效率，还是景观艺术和市民游憩使用，从各方面来看，这种"效率"都是短暂且无法持续的。由于削弱了天然河床的滞蓄能力反而加速了洪水的流速，增大了瞬间洪水的峰值和对岸线的冲刷，迫使城市水岸进一步提高设防标准，从而进一步阻断了人与水的联系，最终使城市的人水关系完全对立。造成这种单一价值取向的简单治理模式的原因：

一是过分强调防洪功能、机械的功能部分和蓝线划定。

二是单纯依赖工程技术，掠夺式地侵占（上部河床）。

后果：

一是水岸美学功能丧失—附属水面枯竭，丰富的自然水系退化为无表情的工程水渠。

二是生态功能丧失—滨水栖息地丧失，河道自净能力降低，季节性断流和超高峰值的洪水频发。

三是城市服务功能丧失—成为失去灵性，没有面目、没有活力的水岸与河流。安全的滨水区域，其核心思想是充分发挥河岸与自然水体之间的交换调节功能，实现天然自净能力；创造有利于多种生物尤其是两栖类、鱼类生存的空间；保证上游河道对于季节性洪水的蓄滞能力，减缓下游城市的泄洪压力；用多层立体水岸设计代替单一岸线，增强对季节性水面变化的适应性，同时增加市民亲水的机遇，提供城市亲水休闲活动的多样性空间。

二、基于城市河道管理与实施的几点讨论

第一，过高的城市河道设防与过低的乡村甚至基本农田的水岸设防，二者形成外在难看的对比和规划伦理的错乱。在笔者受委托规划的华北某城市滨水岸线改造规划中，水利部门明确提出一河两岸拟采取两种不同标准的岸堤设计；在面向城市一侧要求采用百年一遇的堤防标准建设，而在河道的另一侧，面向农村和厂矿的广大地区，同样是人口众多的城郊区域，竟然建议采用低于五年一遇的堤防标准建设，而把本属于水利蓝线以内的蓄滞洪区域的高堤防一侧的堤外土地（仍属蓝线区域内）划作城市地产，并称之为明确重点保护区域的水利安全，确保中心城市的百年大计。这种情况在许多城市堤防改造和生态化建设中并不罕见，对河道蓄滞区和上层水岸的大面积土地肆意侵占，随意修改河流的中心线和流程，蓝线管理混乱，以牺牲乡村和农业用地，换取城市的水安全和所谓的“额外”河岸用地利益。这种借蓝绿线综合管理、上层堤岸的生态化改造之名，行侵占河道之实的做法，不仅是短视与无知，而且会给城市河流的生态安全造成极大隐患。这种舍卒保车的做法与有规划的人工引导洪水、就地蓄滞等生态河道改造措施在本质上是完全不同的。

第二，单一价值取向的蓝线管理同样严重阻碍了城市滨水区域的科学发展。城市水岸长期以来由水利部门独家管理的传统，以及单一的水安全价值取向直接导致当前城市水岸发展中“千河一面”的尴尬状况。事实上，我国城市滨水区域规划中面临最严重的问题并不完全在于水害，更多体现为水岸面目可憎。数十年来，由水利部门主导的单一形式的浆砌大坝，严重阻碍了城市与水系的交流、人与水的亲近。实施蓝绿线综合管理统筹规划，实现城市滨水区域治理的多价值取向，让城市亲近水，这些理想的实现将理顺水利与城市建设各部门之间的关系，明确水利、规划、景观各部门的工作范围和程序，在水岸区域亲水活动、水利安全、城市美观等目标取向之间取得良好的平衡，这是从体制层面改变城市滨水单一面貌的必然步骤。

第三，灵活处理大型滨水地区的上层驳岸，科学合理地确定城市河道的堤防标准和岸线宽径。在当前许多城市的滨水区域治理中，针对堤防岸线的标准设置往往脱离实际，许多县级城市在确定堤防高度和洪水蓄滞区域范围时，动辄以百年一遇甚至更高标准作规划依据，不仅加大了不必要的投资，也造成城市土地资源严重浪费。在蓝线划定与上部河岸的多样性利用方面，政策掌握又往往趋于僵化，这种现象在北方城市尤为严重。在许多大河治理中，片面强调河槽深度和宽度，将两岸堤顶扩大到数千米之多，而由于水量严重不足，河床在一年中 90% 以上的时间都是素面朝天、黄沙滚滚，严重影响环境质量。中国北方大河的治理难度和矛盾主要集中于调水和蓄水，即如何塑造一个多生境、蓄水能力更强的弹性海绵体，而非将宝贵的水资源一泻千里，即便是百年一遇的洪水对于北方干涸的大地而言，都不该以一句简单的水安全为由，将宝贵的资源一放了之。恰如我们曾经对境。事实上，通过上游的适度调蓄、定点蓄滞区域划定及城市区域有步骤的生态湿地区建设，

中国北方地区完全可以摆脱任何形式的瞬时洪水的威胁。可喜的是，我们今日所大力倡导的海绵城市建设理论从对待城市空间水安全、水生态和水文化的综合高度，确立了源头控制、弹性利用等重要的可持续原则。

对于大规模河床，尤其是百年洪水位上下的上层岸线的土地规划应本着实事求是的原则，因地制宜地做好多功能、宽口径规划。比如规划建设多层次的立体水岸系统，将 20 年丰水线甚至 10 年丰水线以上的岸线解放出来，回归城市使用。只要我们坚持正确的开发原则，如严格控制构筑物比例，控制大乔木数量，控制深根系植物等要素，上层驳岸对于中国北方城市而言，是最佳的城市客厅和市民生活的天堂。而对于下部岸线，在 10 年丰水线以下，5 年丰水线以上部分，应该大力推广可淹没、低成本、少维护的灵活岸线设计，使之进入常态化，根据笔者以往的经验，即便是年峰值以上的岸线，每年也至少有 90% 以上的时间完全可以开展各类城市亲水活动。

从水岸为人服务，城市为人服务的立场出发，我们需要重新审视新城镇化时代的人水关系，其核心环节是科学发展观和实事求是精神，最关键的一步必然是也必须是坚决打破以往以水安全为由，行政策垄断之实的僵化错误的单一价值取向的蓝线管理模式，这也是当前海绵城市建设之初我们面临的最重要的课题，即如何建立一个跨城建、园林、水务多部门，涵盖投融资及总体规划、设计、施工、运营维护的一体化的全流程城市海绵体建设维护机制，让海绵城市理论在技术层面引领、指导城市绿色基础设施建设，最终能够为新一轮内涵式中国城镇化发展保驾护航。这是一个远远超越了单纯技术考量的全新方向。

三、案例：迁西滦水湾生态规划

迁西滦河治理和大坝生态化改造项目启动于 2009 年，整个建设周期跨越 3 年，项目最终形成以滦河大坝生态化改造及滨河公园建设为核心，包括“一岛两带三区”等多个节点的生态滨水规划项目。一岛，即河心岛。河心岛占地面积 13 公顷，建有步行桥、五彩泉、中央草坪、荷香苑等节点景观建设。两带，即南北岸景观绿化林带。南岸景观绿化林带占地 40 公顷，主要有入口的栗乡画境广场、跳跃的木平台、健康乐园、浮水码头等节点景观建设；北岸景观绿化林带占地 70 公顷，主要有沙滩浴场、观鱼池、荷塘园等节点景观建设。三区，即通过兴建两座溢流堰、一座橡胶坝，形成湿地生态景观区、浅水观光游览区、水上休闲娱乐区 3 个景区。

规划设计团队与地方政府共同谋划，共同解决了诸如上游湿地改造、城市段硬质大坝软化、中央湖区水质维护及中央岛市民天堂打造标志区设置等一系列难题，最终滦水湾公园项目摘取“2012 国际风景园林师联合会（IFLA）管理类优秀奖”和中国风景园林学会“优秀园林绿化工程金奖”两项大奖。

该项目的重要意义在于把水利和园林、防洪和生态、亲水与安全、历史与现代结合起来，恢复了滦河悠远宁静、自然宜人的风姿，真正实现了生态自然、人水合一，该项目在滨水岸线开发、上层岸线综合利用及多层次的游步道和河床景观塑造方面进行了有益尝试，具体表现在如下方面：

第一，滨水规划为市民滨水休闲活动提供多种选择和机遇，并通过多层步道和快捷应急通道的合理配置，增大了城市河流的可达性，随之提高了河岸空间的日常使用效率。

第二，复式立体河床设计，将河道对于水位的季节性变化的适应能力大大提升，岸线全程的游憩设施同样对应于多种水位高程，市民可以从上、中、下 3 个层次上认知风景，瞭望对岸，由此拉近了两岸距离，在迁西城市的核心部位打开了一扇通往自然水域的窗口。

第三，上下游之间河道按流程分级，逐段控制滨水空间尺度。上游段保持河道自然尺度，大量插入自然间歇性湿地，保持河道的自然郊野风光和生态功能；中游城郊段拓展上部河床，增强堤内外绿色系统的连接度，并提供大量休闲运动空间；下游城市段让大尺度水面成为新城之窗、城市前景和市民客厅。

第四，沿途所有游憩场地采用分级处理，适应了城市庆典和市民日常休闲运动两方面需求。

第二节　生态的滨水——发挥自然力，减少人工建设低维护成本是可持续之道

生态滨水设计的核心理念主要有以下几点：

立体分层的河床与岸线设计—最大程度地适应水位的季节性变化；合理利用上部河床的广阔空间；提供多样的绿道，接入生态游步道，提供市民休闲的多种机遇。多样化自然水岸恢复—恢复河道自然流程及岸相，恢复自然水岸生境；发挥自然河道的蓄滞洪作用，降低流速和水位瞬间峰值，缓解洪水威胁。

完善的原生植物群落—建立从市政堤顶路直至浅水湿地区域完整的乔、灌、草立体搭配的原生植物群落系统，完善水岸动植物系统，最大程度地实现滨水植物群落的自我演替过程。

一、立体分层的河床与岸线设计

在城市滨水区域的生态化改造过程中，一个最重要的核心是滨水河床和河道岸线的生态恢复，这里的恢复既有前文所述的已有硬坝应用合理的技术思路和现已成型并批量化生产的土工格栅、植草带、砖等成熟材料的技术对单一硬化、浆砌的驳岸进行“松绑”、软化，同时更为重要的是借助多层驳岸的设置恢复驳岸应有的活力和生境。具体而言，包括上部驳岸的游憩生境和下层驳岸的水生和两栖类动植物生境。其中涉及的技术包括多层滨水道

路，可淹没底层游步道的技术和材料应用，也包括诸如抛石、石笼等底层岸线的材料技术的应用。另外，滨水区浅水湿地的生境恢复等项目涉及的主导思想是建立一个上下贯通、连续自如的人与动植物混合使用的空间。其中，核心环节是滨水的交通设计，在游步道系统内如何通过丰富多样的停驻点、观景点及小型休闲运动空间的设置，留住游人。同时通过快速、应急及工作通道的完备设置，保证场地对于各种城市功能冲突及自然灾害发生的抵御能力，即我们通常所说的弹性化设计（Resilient Design）。

第一，多样化自然水岸恢复—恢复河道自然流程及岸相，恢复自然水岸生境；发挥自然河道的蓄滞洪作用，降低流速和水位瞬间峰值，缓解洪水威胁。多样化的水岸恢复核心点在于生境恢复，包括恢复河道的自然流程，主要是通过河道原有中心线的重新标定，并依据自然水流，尤其在峰水位期间稳定的切削与沉积规律，对自然运动着的河流进行活的设计，除中央疏水区域需要确保河道数十年（20 年左右）洪峰通过的总容量以外，剩余河床原则上均可采用弹性化设计，将之规划为具有多样化功能的自然性、间歇性湿地。在此类湿地的设计中，应注意不同水生植物的适应性高度及按照根系发育程度和净化要求进行植物群落的排序。一般而言，接近中央主河道的污染区域应使用以芦苇为主导的根系发达但欣赏性欠佳的植物。

第二，观赏性植物应结合游人的活动和两栖类生境的营造，大量采用原生观赏草和湿地草本及浅水漂浮植物组成具有观赏价值的群落系统，并配合抛石和石笼的设置，将多种类的两栖类生境容纳于其中。这种岸线的核心是为低于 60 厘米水深的间歇性湿地留下通往主渠道的连通通道，保证河流在枯水期的自由运转。

第三，结合河流蓄滞区的设置建立有一定规模的自然性河流湿地，这种湿地本身就具有一定的净化和曝气充氧功能，同时也能够接纳一部分湿地休闲、科普、参观活动。关于这方面，国内同类设计中一个明显的缺陷在于许多设计师会根据此区域的尺度将之设计为观鸟平台，笔者认为在河流城市段进行这样的设计，除非具有足够的人鸟尺度距离，如永定河那样宽达数公里的大河可以实行，一般中小型城市河流均不宜使用。使用恢复河道中心线、恢复河道自然流程的方式所进行的生态河道改造有一个明显的优势在于河流的自然弯曲和粗糙度增加会在相当程度上缓解高峰值流水的威胁，事实上，洪水并不如我们所想象的一泻千里才是最佳的排泄方式。对自然河流通过城市的区段，最佳的岸线设置是利用粗糙度和弯曲度来缓冲河流，比如迁西滦水湾生态规划案例，在河流城郊上游段使用具有极高粗糙度的河床设置，用大量的浮岛、植床、水泡，帮助滞留过量洪水，中下游城市段将主河道的粗糙度变小，使过水速度加快，配合下游橡胶坝、滚水坝的自动调蓄，不仅可以顺利地错峰通过洪峰，而且使原河道通过多层的水利跌水方式，做一次充分的人工曝气充氧。每过洪峰，河流的内环境则被完整清洁一次，水质得到明显提高，前提是必须配套以河流上流段完整的截污、稳定池、沉淀塘等一系列设施。如果上游生态治理改造未达标，不具备相应生态设施的情况下，将达不到此效果。

第四，完善的原生植物群落——建立从市政堤顶路直至浅水湿地区域完整的乔、灌、草立体搭配的原生植物群落系统，完善水岸动植物系统，最大程度地实现滨水植物群落的自我演替。

水岸规划的植物设计核心问题在于完整和本土两个关键点。首先，完整的植物群落所指的是从顶层岸堤开始的乔灌草的立体化搭配，具体而言，在 20 年一遇洪水线以上的上部驳岸，均可以采用绿色公园的立体模式，其密度和郁闭度均不受水岸设计影响。唯一需要控制的是深根系乔木在极端洪水期对洪水形成的阻碍，在中下层，以灌草为主，构建完整的并富有野趣的植物群落，浅水区植物需兼具观赏和植物净化两方面功能。其次是本土，在以上所有的植物配置当中，最核心的思想是尽可能使用本土适生植物和完全驯化的品种，因为河道规划的空间尺度一般较大，对整个河道景观影响最大的实质是植物群落的总体生存状况和生态发挥状况，而并非一花一木的奇异与夺目，所以植物选择的低成本、本土化，不仅可以大大降低河道生态改造的建设费用，更重要的是，在河道实施管理维护阶段，可以极大地节省人工维护费用。所以应该大力地去研究、找寻本土适生的，最好是能够实现完全自我演替的品种和群落。在此方面，以野草为名，完全不顾植物所在地域的适生情况及可控性的单一设计方式是错误的。比如相对于先锋类的芦苇和某些观赏草而言，如果不加选择地滥用，其结果是绝大部分人工维持费用必须会花在常年的除草、修正方面，这就变成了另一种形式的以野草廉价为名，对每个城市的园林管理机构造成沉重负担。总之，在植物选择和搭配的工作中，需要秉持的逻辑是既适合于城市，也适合于地域的乡土伦理，而非单一目标取向的模式化的生态伦理。

二、滨水绿地植物生态群落的设计

植物是恢复和完善滨水绿地生态功能的主要手段，以绿地的生态效益作为主要目标，在传统植物造景的基础上，除了要注重植物观赏性方面的要求外，还要结合地形的竖向设计，模拟水系形成自然过程所形成的典型地貌特征（如河口、滩涂、湿地等），创造滨水植物适生的地形环境。以恢复城市滨水区域的生态品质为目标，综合考虑绿地植物群落的结构。另外，应在滨水生态敏感区引入天然植被要素，比如在合适地区建设滨水生态保护区及建立多种野生生物栖息地等，建立完整的滨水绿色生态廊道。

绿化植物品种的选择方面，除对常规观赏树种的选择外，还应注重以培育地方性的耐水性植物或水生植物为主，同时高度重视水滨的复合植被群落，它们对河岸水际带和堤内地带这样的生态交错带尤其重要，植物品种的选择要根据景观、生态等多方面的要求，在适地、适树的基础上，还要注重增加植物群落的多样性。应利用不同地段自然条件的差异，配置各具特色的人工群落，常用的临水、耐水植物包括垂柳、水杉、池杉、云南黄馨、连翘、芦苇、菖蒲、香蒲、荷花、菱角、泽泻、水葱、茭白、睡莲、千屈菜、萍蓬草等。

城市滨水绿地绿化应尽量采用自然化设计，模仿自然生态群落的结构。具体要求：一是植物的搭配——地被、花草、低矮灌木与高大乔木的层次和组合应尽量符合水滨自然植被群落的结构特征；二是在水滨生态敏感区引入天然植被要素，比如在合适地区植树造林恢复自然林地，在河口和河流分合处创建湿地、转变养护方式培育自然草地及建立多种野生生物栖身地等。这些仿自然生态群落具有较高生产力，能够自我维护、方便管理且具有较高的环境、社会和美学效益，同时，在消耗能源、资源和人力上具有较高的经济性。

河道水质污染严重，缺乏科学有效的治理手段。很多城市由于工业和生活污水缺乏严格管理，直接排入城市内部河道，使本来清澈的河水变成黑水河、臭水沟，这样的河道不仅不能改善城市环境，如果不加治理，反而会变成新的污染源。目前，我国利用滨水植物治理水质污染的技术已经有很大发展。四川成都活水公园就是一个成功的范例，它利用府河、南河河道改造出大面积滨水浅滩，栽植大量水生、沼生植物，通过植物吸收、过滤和降解水中污染物。这种利用滨水湿地植物净化水质的方法相对于普通的污水处理厂具有成本低、效果长、多效兼顾等特点。这种思路对于城市滨水绿地的改造值得借鉴。

第三节　市民的滨水——造就有潜力、开放、连续的滨水空间

误区解析：过度设计不等于多种选择、多种机遇，过宽的河道难以聚拢人气，过大的滨水广场，利用率极低，缺少日常活动空间。

一、增强水岸的活力与人气

1. 建设多层次水岸带，增强承载力，提供多种城市活动机遇

相关的内容包括：上下部河床、堤内外绿地结合度，提供舒适、方便、吸引人的游览路径，创造多样化的活动场所。绿地内部道路、场所的设计应追求舒适、方便、美观。其中，舒适要求路面局部相对平整，符合游人使用尺度；方便要求道路线形设计尽量做到方便快捷，增加各活动场所的可达性，现代滨水绿地内部道路考虑观景、游览趣味与空间的营造，平面上多采用弯曲自然的线形组织环形道路系统，或采用直线和弧线、曲线结合，道路与广场结合等形式串联入口和各节点及沟通周边街道空间，立面上随地形起伏，构成多种形式、不同风格的道路系统；而美观是绿地道路设计的基本要求，与其他道路相比，园林绿地内部道路更注重路面材料的选择和图案的装饰以达到美观的要求，一般这种装饰是通过路面形式和图案的变化获得的，通过这种装饰设计，创造多样化的活动场所和道路景观。

2. 可达的水岸——提高滨水区域使用效率

相关的内容包括：多层次分级道路系统与快捷通道设置，步行优先、安全滨水路网。应提供人车分流、和谐共存的道路系统，串联各出入口、活动广场、景观节点等内部开放

空间和绿地周边街道空间。这里所说的人车分流是指游人的步行道路系统和车辆使用的道路系统分别组织、规划。一般步行道路系统主要满足游人散步、动态观赏等需求，串联各出入口、活动广场、景观节点等内部开放空间，主要由游览步道、台阶登道、步石、汀步、栈道等几种类型组成；车辆道路系统（一般针对较大面积的滨水绿地考虑设置，一般小型带状滨水绿地采用外部街道代替）主要包括机动车（消防、游览、养护等）和非机动车道路，主要连接与绿地相邻的周边街道空间，其中非机动车道路主要满足游客利用自行车、游览人力车游乐、游览和锻炼的需求。规划时宜根据环境特征和使用要求分别组织，避免相互干扰。例如苏州金鸡湖滨水绿地，由于湖面开阔，沿湖游览路线除考虑步行散步观光外，还要考虑无污染的电瓶游览车道，满足游客长距离的游览需要，做到各行其道、互不干扰。

3. 亲水性空间设置——可淹没的多层亲水平台

应提供安全、舒适的亲水设施和多样的亲水步道，增进人际交往与地域感。滨水绿地是自然地貌特征最为丰富的景观绿地类型，其本质的特征就是拥有开阔的水面和多变的临水空间。对其内部道路系统的规划可以充分利用这些基础地貌特征创造多样化的活动场所，诸如临水游览步道，伸入水面的平台、码头、栈道及贯穿绿地内部各节点的各种形式的游览道路、休息广场等，结合栏杆、坐凳、台阶等小品，提供安全、舒适的亲水设施和多样的亲水步道，以增进人际交流，创造个性化活动空间。具体设计时应结合环境特征，在材料选择、道路线形、道路形式与结构等方面分别对待，材料选择以当地乡土材料和可渗透材料为主，增进道路空间的生态性，增进人际交往与地域感。

二、驳岸设计

传统控制洪水的工程手段主要是对曲流裁弯取直，加深河槽，并用混凝土、砖、石等材料加固岸堤、筑坝、筑堰等。这些措施产生了许多消极后果，大规模的防洪工程设施的修筑直接破坏了河岸植被赖以生存的基础，缺乏渗透性的水泥护堤隔断了护堤土体与其上部空间的水气交换和循环。采用生态规划设计的手法可以弥补这些缺点，应推广使用生态驳岸，生态驳岸是指恢复后的自然河岸或具有自然河岸“可渗透性”的人工驳岸，它可以充分保证河岸与水体之间的水分交换和调节功能，同时具有一定的抗洪强度。生态驳岸一般可分为以下三种：

一是自然原型驳岸：主要采用植物保护堤岸，以保持自然堤岸的特性。如临水种植垂柳、水杉、白杨及芦苇、菖蒲等具有喜水特性的植物，由它们生长舒展的发达根系来稳固堤岸，加之柳枝柔韧，顺应水流，可增强抗洪、保护河堤的能力。

二是自然型驳岸：不仅种植植被，还采用天然石材、木材护底，以增强堤岸抗洪能力。如在坡脚采用石笼、木桩或浆砌石块等护底，其上筑有一定坡度的土堤，斜坡种植植被，实行乔、灌、草相结合，固堤护岸。

三是人工自然型驳岸：在自然型护堤的基础上，再用钢筋混凝土等材料，确保强的抗洪能力。如将钢筋混凝土柱或耐水圆木制成梯形箱状框架，并向其中投入大的石块，或插入不同直径的混凝土管，形成很深的鱼巢，再在箱状框架内埋入大柳枝、水杨枝等；临水侧种植芦苇、菖蒲等水生植物，使其在缝中生长出繁茂、葱绿的草木。

驳岸形态论：作为水陆边际的滨水绿地，多为开放性空间，其空间的设计往往兼顾外部街道空间景观和水面景观。人的站点及观赏点位置处理有多种模式，其中具有代表性的有以下几种：外围空间（街道）观赏，绿地内部空间（道路、广场）观赏、游览、停憩，临水观赏，水面观赏、游乐，水域对岸观赏等。为了取得多层次的立体观景效果，一般在纵向上，沿水岸设置带状空间，串联各景观节点（一般每隔 300 ~ 500 米设置一处景观节点），构成纵向景观序列。竖向设计考虑带状景观序列的高低起伏变化，利用地形堆叠和植被配置的变化，在景观上构成优美多变的林冠线和天际线，形成纵向的节奏与韵律；在横向上，需要在不同的高程安排临水、亲水空间，滨水空间的断面处理要综合考虑水位、水流、潮汛、交通、景观和生态等多方面要求，所以要采取一种多层复式的断面结构。这种复式的断面结构分成外低内高型、外高内低型、中间高两侧低型等几种。低层临水空间按常水位来设计，每年汛期来临时允许淹没。这两级空间可以形成具有良好亲水性的游憩空间。高层台阶作为千年一遇的防洪大堤，各层空间利用各种手段进行竖向联系，形成立体的空间系统。滨水绿地陆域空间和水域空间通常存在较大高差，由于景观和生态的需要，要避免传统的块石驳岸平直生硬的感觉，临水空间可以采用以下几种断面形式进行处理：

自然缓坡型：通常适用于较宽阔的滨水空间，水陆之间通过自然缓坡地形，弱化水陆的高差感，形成自然的空间过渡，地形坡度一般小于基址土壤自然安息角。临水可设置游览步道，结合植物的栽植构成自然弯曲的水岸，形成自然生态、开阔舒展的滨水空间。

台地型：对于水陆高差较大，绿地空间又不很开阔的区域，可采用台地式弱化空间的高差感，避免生硬的过渡。即将总的高差通过多层台地化解，每层台地可根据需要设计成平台、铺地或者栽植空间，台地之间通过台阶沟通上下层交通，结合种植设计遮挡硬质挡土墙砌体，形成内向型临水空间。

挑出型：对于开阔的水面，可采用该种处理形式，通过设计临水或水上平台、栈道满足人们亲水、远眺观赏的要求。临水平台、栈道地表标高一般参照水体的常水位设计，通常根据水体的状况，高出常水位 0.5 ~ 1.0 米。若是风浪较大区域，可适当抬高，在安全的前提下，以尽量贴近水面为宜。挑出的平台、栈道在水深较深区域应设置栏杆，当水深较浅时，可以不设栏杆或使用坐凳栏杆围合。

引入型：该种类型是指将水体引入绿地内部，结合地势高差关系组织动态水景，构成景观节点。其原理是利用水体的流动个性，以水泵为动力，将下层河、湖中的水泵到上层绿地，通过瀑布、溪流、跌水等水景形式再流回下层水体，形成水的自我循环。这种利用地势高差关系完成动态水景的构建比单纯的防护性驳岸或挡土墙的做法要科学、美观得多，但造价和维护等因素，只适用于局部景观节点，不宜大面积使用。

三、建立密度合宜的连续滨水岸线

1. 杜绝极端线性的滨水建设区

应控制一条由滨水区伸向腹地的梯度天际线，严控滨水开发密度。

在我们前一阶段的城市滨水区域规划中有一个比较普遍的现象，即将一河两岸所形成的围合性空间视为滨水空间的全部，如此形成的空间，必然是沿河一直展开，类似于线性的开发模式，这种模式对于环境的承载力及城市天际线的变化、未来城市土地的极差及有效使用都会产生不利影响。当然，这种逻辑最直接的后果是我们所熟知的单一、无变化、无厚度、无层次的城市天际线设计。这种情况在我国二线城市的集中开发建设中屡见不鲜。而对于一线滨水开发及政府收储土地等常规步骤方面，需要再次强调的仍然是杜绝大盘站点，杜绝一线滨水的占地，但这又不是依靠呼吁就能解决的，其中涉及非常复杂的近期与远期规划，市民与地产商等方面的错综复杂的博弈。对此，笔者认为还是应该本着平衡兼顾的原则，而不宜过度强调某一方面，如民生需求或政府需求等，对于不同性质的城市与开发，政府应采取不同的措施，其中根本原则就是一条，即避免单一形式。比如对于财力雄厚的城市，在政府收储方面应该更多地考虑民生需求及土地价值健康稳定增长的需求；对于用土地收益反哺城市基础设施建设的大多数城市而言，至少要率先划定出公众介入滨水所必须的通道和一定比例的公共绿地。同时在城市建设用地与生态平衡方面，建议借鉴美国经验，也就是在滨水一线的规划中，充分利用行政杠杆。尽可能多地将城市公共性质的文化、教育、科普宣传等功能向一线滨水倾斜。比如深圳在最近一期的前海规划中就明确划定了商业住宅及区域文教机构在一线滨水的比例，人们可以畅想这样的规划建成以后，中小学生可以在美丽的校园里面晨练、苦读，推开窗户就能看到蔚蓝的大海。当然，其背后所涉及的诸如土地价值补偿、资源公共占有等方面的矛盾，也都有赖于政策杠杆的作用，纯粹的市场化运作实难达成以上目标。

2. 从公共政策角度划定滨水开放空间

应用规划调控滨水用地功能，并保持滨水规划的连续性。

滨水开放空间从第一步的蓝线划定上层岸线的尺度，到有目的地划定兼具湿地和蓄滞洪功能的蓄滞区，都带有着浓厚的行政规划色彩，应属于城市运营过程中的公共政策部分。前一阶段的城市建设的实践中，对于这一问题，讨论的核心在于滨水区域的功能划定、土地置换及每年的建设用地数量等方面。如果没有相关政策的配合，这些问题对于滨水规划的持久、健康仍将是一个掣肘。简单而言，就是要充分利用有效的公共政策引导滨水规划，其优势集中体现在滨水区域的产业切入，短期商业利益与永久性的城市滨水人居空间的维持、维护及地域性、文化的传达等方面。公共政策的导向完全可以从根本上直接地一次性改变任何城市的滨水区域空间品质与改造方向，这种政策的规范往往不是设计团队和地方政府单方面所能控制的，而在我们前一阶段的滨水规划中，长期采用的以房地产先行、以城市土地出让来维持城市基础设施建设及运营的做法，在相当程度上直接导致了滨水规划政策在长期利益和短期利益之间选择失衡，甚至失去理智。用普通市民最感同身受的一句话说就是：对城市高价值风景资源杀鸡取卵式的掠夺、站在全面、客观的立场上我们可以这么理解，即我国十多年以来的城镇化建设很大程度上站在了大规模房地产开发和土地出让金反哺城市事业这样一个巨人的肩膀上。换言之，如果没有这样一个粗放式的以土地换空间、以土地换资本的运作过程（当然，这其中不包括某些地方官员对国家资源的滥用），在中国城镇化起步阶段几乎没有任何一种社会力量可以滚动中国城镇化建设这一硕大无比的雪球。但是在下一阶段的内涵式城镇化发展阶段，公共政策必须为城市滨水规划做出相应理性的调整。下一步城市滨水规划，应该是通过对高质量、高价格的土地出让，为城市发展谋求更持久的利益，在这一阶段，公共政策可以更有效地影响滨水产业空间的更新换代，影响滨水人居环境的更新换代，并最终影响城市综合功能的升级。笔者认为这是一个多次循环的持久过程，滨水环境品质的提升，会极大地推动城市土地价值的进一步提升，最终为城市基础设施尤其是未来的绿色基础设施的提升提供充足的资金和推力。总之，我们走过了需要立竿见影，快速发展的城镇化阶段，新一轮的城镇化，尤其是对于东部地区而言，国际化大都市的发展目标需要我们更多地用长线式政策、伦理思维去做判断，更多地利用人与自然、社会与服务等广义伦理的概念去建立更持久的政策。

3. 用好城市设计过程

相关的内容包括：防止城市干道大型水利设施切分滨水岸线，适度功能疏散。

在城市滨水规划的过程中，越来越多的城市采用了城市设计这样的体系外规划设计过程。这作为传统的省市一贯制的规划院体系所做工作的补充，对促进城镇化过程、建设具有国际化水平的都市起到了不可小视的作用，尤其是在塑造多样化城市空间和新型城市综合体的建设过程中，我们有必要强化并完善这一过程。以滨水规划为例，对于滨水区密度层次的划分，体系内规划往往只规定指标，控制性规划往往只规定特定街区的风貌、密度、占地等机械的量化依据，而对于其中涉及的大量的有关整体风格形式及同一容量下不同密度的街区综合体的具体布局方式均属于空白。城市设计的过程可以在这些方面很好地补充不足。

另一方面，涉及密度问题，可考虑用梯度控制原则去综合平衡滨水区域的综合密度率。总体原则可考虑大疏大密，即在总控阶段综合考虑到投资运作及地价抬高等多方面因素，能够在总体的收储公共型用地、出让建设性用地及协调公益性文教用地之间做到比例平衡，这一步需要专业的团队以科学的态度得出结论，但总体指导原则宜考虑让出一线滨水，不仅仅是让出滨水的那片绿，还在于建设一座弹性规划的城市所必需的、为未来发展留下的空间。次级滨水区域（一般指一个街区以外并且在大型交通线内侧的街区）一般而言是重点的发展区域，在保持总体高密度建设的同时，需要考虑产业的选择与一定程度的有机疏散，这一部分内容，美国纽约在过去一个世纪的长期实践中，得到很好的解决，其关键就是被称为容积率补偿的规划政策。即不反对建造摩天大楼和城市标志体，但在鼓励城市向上生长的同时，也一定要配合相应的绿色政策，使整个街区的整体密度达到适合人居的整体目标。通过这项补偿政策，有效地推动诸如街边花园、屋顶花园、口袋绿地等公共项目的实施。此外，这也是在行政规划的实施之外，通过市场杠杆对高密度城市有机疏散的一种变相支持。而以上所述的这些方面，都具有在规划和管理政策方面的综合性和灵活性要求，就其适用范围而言，大多已经超过传统城市规划的范畴。在国家规划指导政策未发生重大改革之前，城市设计作为对体制性规划的一种补充，将继续存在，并在城镇化的第二阶段——内涵式城镇化发展（比如海绵城市的综合改造和提升）中，起到更重要的作用。

4. 为未来城市发展和重大城市活动留有余地

当前城市滨水规划中另一个重要的趋势是规划的阶段性缺乏弹性。实际上，任何一座滨水城市的改造和治理时间都会长达数十年，在这一漫长的历史进程当中，规划的许多要素如产业、人口和地价都会经历巨大的变化和反差。在这种情况下，留有余地的设计，借鉴景观生长的理论，看待城市的生长，将更有利于滨水规划。关于此方面最惨烈的教训就是美国波士顿滨水的大开挖项目。大部分景观从业者和城市领导看待大开挖时，更多地着眼于它的惊人的投资规模和令人炫目的景观效果。大开挖作为一项世纪滨水工程留给我们的是深刻的教训，这项投资500多亿美元的项目，本质上只是为了当年（也仅仅是20世纪70年代）不留任何余地的波士顿一线滨水规划的失误埋单。可以说这一条通往剑桥小镇、通往哈佛大学的希望之路如果能本着留有余地的思想，哪怕稍稍退离滨水1千米，对于波士顿而言就可以省出500亿美元的投资。负责此工程的波士顿地方官员马修在回答中国《瞭望》周刊的记者提问时，特别提出了有关北京正在修建的六环及更大的其他基础设施对于城市滨水和绿色基础设施的阻隔等问题。

5. 滨水绿色规划的优势

何谓留有余地的滨水规划？就目前情况看，万能式的滨水产品是绿色规划，即多种树，少建永久性设施。绿色规划可以做到启动资金少，面貌改动大，同时可以应对以后任何形式的土地置换与功能更改。以市场价格为例，一般中国二线城市的普通滨水地区，在未开发之前，市场价值应该在每亩100万元以内，但是开发后，价格往往会达到300万元至400万元，甚至更多。以一个县区级政府投资20亿元为例，如果其中一半的资金用于收储，另一半资金用于提升改造，这样所产生的土地利用可以达到1000亩至2000亩，这一部分土地如果在规划中留有相当部分作为滨水规划的绿色休闲公园用地，所需要的开发资金，也基本会维持在5亿元之内。这样一笔经济账算下来就不难发现，我们只要用15亿元至20亿元的资金（不论是自筹还是贷款）就可以启动上千亩滨水区域用地，并且第一轮滨水绿色用地的改造在其功能上既可以作为市民休闲，同时也可以加入苗圃、湿地等功能，为未来区域内的土地利用做好储备，此类公共开发和连续性的土地政策，可以为未来城市空间品质提升和城镇化健康发展打下坚实的基础，在开发初期，绿色导向的开发对单一地产项目的依赖性不大。政府基础建设投资则可更大程度地用于公共设施改造与环境提升，使滨水开发在空间品质、灵活性和抗风险能力方面均体现出宝贵的弹性，即适应性。这远比“毫无保留”的立竿见影的规划要有效和长久得多。

第四节　引领城市复兴的滨水——创造有型的、有身份的滨水空间

一、随水而变，让河流成为现代都市化之魂

水是文化的载体，城市河流曾经孕育了灿烂的城市文明，现代城市河流承载了城市发展的记忆，这种存在于城市历史之中的集体记忆在设计过程中必须加以凸显。滨水规划设计如果忽略了这种地域性特征，与地方文化脱节，其滨水景观必然缺乏个性，导致“千城一面”，无法表现景观的生命力。这种情形持续已久，归根结底在于地域文化的缺失，大一统的规模，一窝蜂地抄袭，模仿所谓样板案例，完全不切实际地照搬国外设计等。河流地域特色、文化身份的丧失，导致“千河一面”，继而“千城一面”，是目前的主要症结所在。

如今的城市河流治理，不仅要实现其水利功能，发掘其经济功能，更要开发其文化功能。滨水区域的复兴，既是水利安全、城市更新、景观提升等价值的实现，也是地域文脉植入和城市文化身份认同的过程。河流作为城市的文化名片和城市特色风貌汇集区，对城市意象形成具有决定性作用。做足滨水文章，往往成为城市功能开发与更新的点睛之笔。20 世纪 90 年代，钱学森提出的“山水城市”设想，很快得到我国建筑学界泰斗吴良镛的赞同，并从人居环境整体发展的高度总结出全新的人居环境理论。其本质也是在满足功能、生态等条件下，进一步提升城市综合山水环境和人文地域线索。此例足以说明，创作有地域文化特色的、有身份的滨水越来越成为滨水再开发、城市区域复兴的焦点和着力点。

有型的滨水的特点具有国际化都市的标志形象，同时又与当地的文化、历史有着不可分割的联系，我们称之为有身份的滨水。河流在时间和空间两方面所表现出的联系性，就是一个城市母亲河的身份所在。河流是有生命的，每一条城市河流流淌过程中，都有自已独特而有魅力的故事，这些故事往往已经融入城市的个性当中，城市功能的演绎必须因水而变，在治理河流的时候，我们不仅不能把这些故事湮没，而且要创造新的故事，为河流增添新的风采。到时候，人们坐船行驶在河上，看到的是旖旎的景观风光，听到的是一个个彰显这座城市、这条河流性格的故事，没有此方面特征的景观规划，或随意抹去这两方面的既有特征，都会造成风貌、特色的丧失，文化的缺失，最终造成无个性、无表情、无身份的“三无”河道。正如上海的黄浦江、天津的海河、重庆的嘉陵江等，没有了这些母亲河，便没有了对这些城市的文化记忆。新一轮滨水开发理应运用技术、艺术手段重新寻

回那些缺失的集体记忆，这是我们提出重回母亲河、重回精明增长的重要出发点之一。

二、活力、人气和“有身份”的滨水“世界最美的客厅”

面向亚得里亚海的威尼斯圣马可广场，这是一座没有任何装饰或刻意设计过的广场，却被拿破仑誉为世界最美城市客厅。其美好在于历代设计师都把最美的舞台留给大海、留给参与的公众，空间的主角是亚得里亚海的阳光、海鸥、鸽子，还有如潮水般来来往往的人流，每个人都能在空间中找到自己的兴趣所在，这是真正的属于滨水空间的丰富性，现实的力量，使用者的创造力超过任何设计师的想象。

威尼斯城的形状像一条在海水中酣游的鱼，圣马可广场是它腹部一颗耀眼的明珠。广场位于大运河入圣马可湖河口的左岸，东边宽约 80 米，西侧宽约 55 米。它是由教堂、钟塔、总督府、图书馆、法官官邸和铸币厂等围合而成的一个楔形空间。东南侧另有一个面向大海的入口，称作小广场。圣马可广场是威尼斯的象征，建筑史学家认为，它既是水域的客厅，又是剧院和招待贵宾的荣誉庭院。当年拿破仑占领威尼斯后，将广场东侧临海的原总督府改作行宫，至今仍有人称它为拿破仑宫，在威尼斯共和国时期，所有重大节庆仪式均在这里举行，如耶稣圣体游行、海洋统帅就职仪式，以及著名的威尼斯狂欢节等。

广场周围集中了水城最美的宗教、商业、政府、司法和文化建筑。它不愧为展现威尼斯城市建筑之美的大舞台。圣马可广场初建于 9 世纪，当时只是圣马可大教堂前的一座小广场，马可是圣经中《马可福音》的作者，威尼斯人将他奉为守护神。相传 828 年，两个威尼斯商人从埃及亚历山大将耶稣圣徒马可的遗骨偷运到威尼斯，并在同一年为圣马可兴建教堂，教堂内有圣马可的陵墓，大教堂以圣马可的名字命名，大教堂前的广场也因此得名“圣马可广场”。

每天，当亚得里亚海上第一缕阳光照进广场，这里就开始热闹起来，像一座永不冷场的舞台，等着看日出的各地来的摄影爱好者、清晨早起觅食的鸽子、冈朵拉小船里奏出的琴声开始广场热闹的一天；迎着朝阳，第一批游客从圣马可码头上岸，奔向大教堂、总督府，小乐队开始搬出各样的大小提琴，登台演奏，鸽子们一群群从四面飞来，与海鸥一起争抢旅客手中的食物，只要一小片面包，足够让你招引来上百只鸽子，最快的那只有幸可以落在你头顶，来晚的，只能在你肩上、背上扎营了，再过一会儿，从大教堂拥出的人群会四散开来，在各种店铺里寻找啤酒、冰激凌、面具、玻璃制品，然后是音乐咖啡座和午餐，如果遇到涨水，你还可以看到全世界绝无仅有的奇观，蹼水、游泳、雨中咖啡，乐队也乐得在水中继续演奏，其情形活像泰坦尼克号沉没前的那种演奏，却没有丝毫的悲切，甚至一直蹼在水里捧着大酒盘的服务生也依旧笑容可掬，依旧衣冠楚楚——精致的西装领结配上怪异的雨靴，整个广场都洋溢着威尼斯人特有的幽默和快乐……作为一个城市设计师感触最深的是，广场上已然是非常落后的排水、雨洪设施，似乎并不足以影响它执行快乐的城市客厅的职能，一群鸽子、几把椅子就足以吸引全世界的游客，足以让你感受城市之美了。

三、建立一个属于全体市民的、高度开放、连续的城市滨水空间——百年芝加哥滨水区域规划

何谓“有身份”的滨水？简单的理解应包括如下因素：

首先是属于市民的滨水，城市滨水区域首先是公共开放型区域，其主要识别因素均来源于市民，离开市民参与的公共区域，其身份面目皆无从谈起。正如总设计师丹尼尔·伯纳姆在芝加哥滨水区域规划之初（1906）提出的那样：“滨水属于全体市民，每一寸滨水区域都应该为其市民所拥有、所享用”。其次是滨水的连续性，即不被商业或其他非公益性项目侵占蚕食，这就对城市滨水区域的规划管理和执行机制提出了极高的要求。就世界城市滨水区域规划与管理发展历程看，美国芝加哥、波士顿等城市滨水区域，在过去的百年建设中，很好地协调了公共性、开放性、连续性等因素，在滨水城市开放空间建设实践中走出一条极具示范作用的城市发展与管理之路，其核心在于：公共参与、法规协调及严格管理等原则。

1906年开始的芝加哥滨水区域规划，本质上是芝加哥1893年世界博览会城市大规模改造规划的延伸。芝加哥世界博览会结束后，总设计师丹尼尔·伯纳姆被市政部门挽留继续作为城市规划的主要负责人，其间提出的一个重要思想是，在世界博览会基础上继续扩展城市公共开放空间，尤其是改善芝加哥沿密歇根湖的大面积滨水区域，使之成为未来芝加哥城市最为优越的休闲与运动空间。

伯纳姆规划主要集中在滨水区域扩展、统一，与城市公园体系结合及一系列庞大的公共建设，如游艇码头、海军码头、港口、体育中心、博物、会展等一系列滨水服务中心和宽达1千米、长达6千米的巨大的连续开放滨水，以及长达47千米、连续不间断的线状开放滨水空间，直接联系规划中的城市南北公园体系。该规划核心区域——中央滨水区的格兰特公园从规划之初直至20世纪末的千禧公园设计，几乎都严格遵循了百年伯纳姆规划的重要思想，即为公众拿回滨水空间，并将所有滨水地区严格限制为公共使用性质。率先发展的滨水区域提供了芝加哥未来一个世纪城市空间发展所需的公共绿地，这种超前性，使人不由想到美国著名的景观设计师奥姆斯特德在规划纽约中央公园之初就考虑为一个800万人口的世界都会准备绿色后花园。这两座美国城市在绿色先行、示范引领及弹性规划方面几乎如出一辙，体现了高度的前瞻性。其间，奥姆斯特德等人也连续规划了芝加哥西部、南部和北部三大公园体系，形成了极为优越的城市绿色网络系统。

一个世纪以后，当人们回望格兰特公园及密歇根湖滨水区其他公园体系规划建设的最终成果时，在诸如千禧公园、东部公园等20世纪末的新公园加入原有体系后的芝加哥滨水区域呈现出令全世界瞩目的示范效果，即一个真正为全体市民所拥有的且无差别、混合使用的高效率滨水城市空间的全面亮相：与芝加哥外围公园及芝加哥河绿地紧密结合的绿

色中心；集多种码头、体育中心、阿德勒天文馆和菲尔德自然史博物馆等多个大型公共建筑为一体，包括芝加哥艺术学院、白金汉喷泉、戴利200周年纪念广场等标志性设施的城市活力区，由大量步行空间和多层次自行车道、慢行道、滑板道及12个网球场和16个垒球场、大量家庭领养花园、示范花园组成的城市滨水运动休闲区。

伯纳姆规划在整个20世纪持续完善，实现了将湖滨区域建设成为一座真正的城市中心的理想。作为芝加哥的城市窗口与城市客厅，在方便、舒适的基础上，用各种城市活动体现出市民对城市公共空间的主导作用：有文化、有面目、有芝加哥特色的城市公共空间。

简·雅各布斯在《美国大城市的死与生》这部著作中提出的让芭蕾回到街头的理论，在芝加哥滨水百年建设中得到了最好体现，芝加哥几乎所有的城市节庆活动都在此集中上演，无数的城市事件在此凝集成芝加哥共同的集体记忆；1979年，罗马教皇约翰保罗二世（Pope John Paul 11）访问芝加哥，芝加哥公牛队夺取NBA总冠军后的庆祝仪式；芝加哥爵士音乐节。芝加哥布鲁斯音乐节、Lollapalooza音乐节及2008年奥巴马以压倒性优势当选美国首位非洲裔总统后，在芝加哥父老面前激情四射的演讲集会均在此展开。奥巴马在那次演讲中的那句名言“我们可以做到”，曾使无数的芝加哥人感到自信、自豪，对家乡、城市的认同感也在那一刻凝成城市的永久记忆。因在百年转换中变成全美城市环境的标杆，理查德·迈克尔·戴利（L.M.Daley，前芝加哥市长）也在那一年的美国景观设计师协会大会上被选为“美国最环保市长”（the Greenest Mayor），这些充分说明美国人民对芝加哥自1893年世界博览会以来城市公共空间尤其是滨水公共区域规划管理的成就予以充分肯定，这与多年来我们国内少数学者所持的那种视芝加哥城市公共区域规划为美国“城市美化运动”之典型的偏见实在是大相径庭，在建立一个属于全体市民的、高度开放、连续的城市滨水空间实践中，芝加哥格兰特公园的规划与管理所凸显的民主参与及法规一致性、延续性值得当代中国的城市建设者们充分重视，并重新考量其价值。

第四章　系统治理视角下水生态文明城市建设的途径

第一节　“水量—水质—生境”多过程联调

山东省是一个涵盖近海、河湖、陆域三大地理环境板块的系统空间。系统治理视角下山东省的水生态文明城市建设，就是要针对水循环途经的各个板块的特点，齐抓共建，促进水系统的健康发展。

整体治理思路可从海陆间的水循环着手。随着人类活动的作用，现代环境中流域水循环从最初的以自然水循环为主的一元水循环体系正逐渐演变成具有明显“二元”特征的水循环体系。流域水循环的循环路径由“大气—坡面—地下—河道”的自然水循环和“取水—输水—用水—排水—回归”的社会水循环构成，社会水循环是由人类活动作用产生的水循环转化系统，是以人类活动为驱动力，由人工取水所形成的“取水—输水—用水—排水—回归”等基本环节组成的水循环系统，其主体是经人类活动干扰的水体（如输水管网、人工河道、人工湖泊、水利工程、排水系统中的水，介质是人类活动作用下的输移环境，能量是人类活动，即人类在生产、生活过程中对各种水源的开采和利用）。水循环过程的驱动力呈现“自然—社会”二元化特征，自然驱动力如太阳能和重力势能，社会驱动力如化石燃料燃烧转化的机械能和热能。水资源在水循环转化过程中的服务功能，由开始的单纯服务于生态环境系统转化为同时支撑同等重要的经济社会系统和生态环境系统。社会水循环通过取水、排水、蒸散耗水和自然水循环发生联系，这三种过程是自然水循环和社会水循环的联系纽带，也是社会水循环对自然水循环影响最为深远和敏感的形式。由此可知，既要保护自然生态水循环，又要确保社会水循环的过程中水资源不被破坏，以此形成健康可持续的水循环生态环境。

一、近海地区

近海地区要注重污水集中处理与防治相结合。陆源污染是近海污染的主要污染源，应在严格控制近海陆域工业废水污染物排放量增长的同时，加强海域自身污染的治理；在城市日常生活中也要节水减污，推进节水器具的推广及更新改造工程，提高城市污水集中收集处理率，构建全面治污体系；加快水环境监测设施、设备、仪器和人才队伍的建设，提高监测能力，对各污染源、入河排污口、水功能区及每种污染物进行全面监测，为水资源管理与保护决策提供充足、可靠的信息。

二、河湖地区

河湖地区拓疏与新开并举，确保水环境良性循环，落实水环境治理的长效机制。首先是拓疏原有河道，为节约工程投资，合理利用现有土地，河道整治应充分利用原有河道，适当拓宽疏浚和规划控制；为加强河道（特别在拐弯、三江、四叉重点地段）防洪排涝功能，应保证河道水流顺直畅通，可采取沟通、取直、填埋河道等手段加以治理。其次是新开河道，河湖各地区要按照各自的骨干河网总体规划，有效实施纵横布局的大江大河工程，河面宽度控制在 50 ~ 100 米，两岸有 30 米左右的规划控制带，河岸砌坎护坡，大江大河之间循环相通。通过河道整治，上游来水进入河道时流速加快，有利于水体的降解，溶解氧增加、COD 减少，降低内涝的发生。另外，内河污水不再漫溢，避免了污水的二次污染。河道规划工程实施后，能使目前处于较为杂乱无章的江道及其两岸面貌焕然一新。同时，河道两岸绿化后，又可以增加绿地面积，减少两岸的水土流失。

河湖地区相关工程在竣工后一定要加大管理力度，巩固和发展建设治理成果，保证其正常功能的发挥。要健全管理组织，理顺管理关系，切实按照《中华人民共和国河道管理条例》执行：县（市）级人民政府要确定县（市）水利局和环境保护局为县（市）政府的水行政主管部门，对辖区内的河道规划、建设、治理等实施行业管理和执法监督，乡镇政府应建立河道整治专项工作领导小组，负责编制年度计划、督促进度、实行考核等日常管理工作；按照定人员、定河段、定责任、定报酬的要求，建立河道保洁管理专业队伍，确保辖区内河道整洁畅通。另外，要尽量减少工业企业的污水排放，一方面要积极引进高新技术并加大科研投入，另一方面成立“废物最小化俱乐部”，将整个工业体系作为资源循环利用的网络，力争实现区域废物零排放，倡导循环经济和生态经济。

三、陆域地区

陆域地区要针对内陆水域进行水生态修复。水生态修复即减轻内陆地区水域富营养化程度、消除蓝藻、修复退化的以植物为主的生物系统，包括恢复湿地面积和修复生物多样性。结合自身特有的历史水文化，建设自然保护区，发展水利风景区、水利博物馆等丰富多样的水文化载体，同时把科学研究、教育、生产和旅游等活动有机结合起来，使陆域地区的生态、经济、社会效益都能够得到充分发挥。

水量、水质与水生态环境属于城市水生态系统的三维过程。根据系统治理的思路，水生态文明城市建设需要调控供水用水过程、防洪排水过程、减污治污过程、河湖修复过程，维护水系统的健康。

四、开源节流，提高用水效率

随着城市人口增长和经济的飞速发展，城市水资源供需矛盾日益突出，水资源短缺已成为制约山东省城市发展的首要问题，为城市的可持续发展埋下了隐患。要解决城市水资源供需矛盾，必须开源节流，提高用水效率。

1. 多水源取水

在水源的选择上，当前山东省城市供水体系基本上是单一水源供水，这种供水方式的保障性能差，难以应对突发性水安全事件。为了提高供水安全性，应该在经济合理的前提下尽可能地采取多水源取水方式。可以将符合各种用水标准的淡水（包括地下水）、海水及经过处理后符合用水标准的废水、雨水作为不同用水的供水水源，真正做到“开源”。

2. 提高生活节水器具普及率

为促进节水器具更广泛推广，需要从政策法规、资金保障、市场监督、文化宣传等方面建立起保障措施。政府要进一步完善财政补贴政策和财政支持政策，调动居民购买积极性；在资金保障上对研发节水器的个人或者组织进行奖励，提高他们的研发热情；在市场上建立节水器具名录并开展专项普查，促进节水器具推广；广泛地开展节水器具宣传教育工作，建立起完整的节水器具推广保障措施，使城市节水器具普及率达到 90% 左右。

3. 实施对工业生产用水总量和用水效率的双控措施

依据各城市的水资源和用水水平，综合考虑经济社会因素，确定合理的产业发展类型与规模，制定高耗水行业的水资源准入制度和退出机制，并将其纳入国民经济发展规划。鼓励发展高附加值的工农业与高端服务业，控制甚至禁止发展高耗水行业，可引导部分行业向周边或沿海城市疏解。积极开展工业节水科研工作，引导节水设备和节水技术的科技创新，对高耗水传统工业设备进行改造，提高工业用水重复率。

五、防洪排水，缓解城市内涝

除了水资源供需矛盾之外，山东省面临的另外一个问题就是城市洪涝，它已经严重威胁到居民的生命和财产安全。城市洪涝灾害显著特点之一就是内涝，即外河洪水位抬升，城区雨洪积水难以有效排除而致涝灾。因此缓解城市内涝，一方面要加强河湖治理，另一方面要完善城市排水网络。

1. 加强河湖治理

开展对黄河、徒骇河、马颊河、沂河、泗河、汶水等山东省内几条骨干河道的集中整治。加大流速，减轻河道堵塞、淤积，对河岸进行护砌，防止水流侵蚀造成的破坏。对湖库堤坝进行加固加高，以欠高堤段加高培厚、基础防渗、堤身隐患处理和穿堤建筑物及其与堤身结合部的加固等为重点，包括堤身按设计标准培厚、护坡衬砌等。加高和整修堤防，以提高湖泊控制水位和调蓄洪水的能力，这不仅可以提高防洪排涝标准，同时还可以增加涵闸的自排能力。

2. 加强城市管网建设

加大城市管网的铺设范围，对管网中老化管道进行维修或者更换。提高管网的设计标准，加大排水管网口径，完善排水管网系统配套建设，提高市政排水管网的施工质量，加强城市排水管网的养护。新建排涝泵站，加速各片区涝水的外排，减少涝灾损失。同时变害为宝，提高雨洪利用率。兴建滞洪和储蓄雨水的蓄洪池，将蓄洪池的雨水用作喷洒路面、灌溉绿地等城市杂用水。建立完善的由屋顶蓄水和入渗池、井、草地、透水地面组成的回灌系统，实现就地滞洪蓄水。

六、减污治污，保障水质安全

对水资源的过分攫取与不合理利用，导致近些年来山东省水资源质量不断下降，城市水污染问题日趋严重。污染源主要包括工业废水和生活污水的排放，在减污治污过程中对两种不同的污水要采取针对性的措施。

1. 生活污水分类收集，黑水、灰水分离

黑水有机含量高，能够利用厌氧反应生成沼气。铺设黑水专用管网，把各居民小区的粪池逐步改造成沼气池和沼气回收站。产生的沼气是清洁能源，可做燃气，也可发电；沼气回收站产出的沼渣，可以加工成优质肥料还田，也可通过市场出售；沼液用于农业生产，用有机农药替代无机农药。灰水有机物含量低，不能用于厌氧过程回收沼气，可以送污水处理厂进行耗氧过程深度处理。污水处理厂将污水经过达标排放处理后，后续的处理可采用污水灌溉、湿地处理、土壤处理等办法。

2. 加大污染企业整治力度

建立以水污染排放总量控制为重要依据的企业准入和落后产能退出机制，制定淘汰、关闭重污染企业名录。依法实行强制性清洁生产审核，对污染物排放超标超总量的企业及使用有毒、有害原料或排放有毒、有害物质的企业，强制清洁生产审核，督促重污染企业进行绿色升级改造。大力推进造纸、纺织印染、制革、电镀、化工等重污染行业及高水耗、高污染、低产出等落后产能的淘汰。同时还可以通过减免税收等经济鼓励政策对企业在技术设备上的改进予以奖励，提升企业对水污染治理工作的重视程度与参与水污染治理的积极性。

七、河湖修复，维护生态健康

人类活动使河湖生态系统的连续性遭到破坏，水生态系统孤立化，水循环短路化、绝缘化，导致水生态、水环境恶化。河湖生态修复就是综合利用各种手段使河湖恢复因人类活动的干扰而丧失或退化的全部或部分自然功能。

1. 增加河湖水生动物种群的数量

水生动植物的数量不仅反映出水生态环境的健康程度和流域内的生物多样性，更关键的是，部分水生植物和水生滤食性动物具有净化水质、修复受损水体的功能。通过对河道清淤改造，露出原来的卵石，改善河床地质，创造出多样性的生境，使水生植物得以生长，为底栖动物的繁殖生长创造条件。同时制定严格的捕捞规章制度，改善产卵场环境，增设人工鱼巢，使各地区土著鱼类资源得到一定程度恢复，让种群密度变大、分布范围变宽，种群比例失调状况得到缓解。

2. 建设河流护岸林

护岸林不仅能防风固堤、保持水土，更可以涵养水源、净化空气、消减噪声、美化环境。首先要选用优良品种，及时淘汰落后树种，因地制宜培育优良树苗。做好技术培训，政府部门与农林院校、科研院所加强合作，邀请专家对树种选苗、栽培、管理等环节开展技术培训，介绍育林、病虫防治等基本理论知识，用科技育林知识武装头脑。同时按河段与学校共建“绿色教育实践基地”，组织青年志愿者、共青团员、学生党员开展多种形式的植树、护树活动，加快全省护岸林建设。

第二节　“制度—工程—文化”多手段治理

水生态文明城市建设是一项艰巨而繁重的工作，单一的治理手段已经无法满足现代城市建设的要求，所以应当运用系统治理的思想，采用多手段治理的方法，多管齐下，落实最严格的水资源管理制度，合理建设和调控山东省水利工程，弘扬和提升地区水文化，共同推进山东省水生态文明城市的建设。

一、水管理制度

现代化的水管理制度是建设水生态文明城市的核心要素之一，通过建立健全各项管理制度，使水生态文明城市建设有法可依、有章可循。在《中共中央国务院关于加快水利改革发展的决定》中，提出了实行最严格水资源管理制度的“三条红线”和“四项制度”。山东省需要坚定不移地落实严格水资源管理制度，坚持人水和谐理念。

首先，要积极探索与社会主义市场经济体制相适应的水生态补偿制度。水生态补偿制度要反映市场供求和资源稀缺程度，以此推进流域综合治理，全面落实水资源开发利用、用水效率、水功能区限制纳污“三条红线”，建立和完善省、市、县重点取用水户的水资源管理控制指标，建立健全配套管理制度。

其次，要加快推进全省水资源管理现代化建设，提升水资源支撑和保障能力。积极开展水资源和水生态等指标监测，建立健全水生态监测评价相关技术标准体系制度。加强市、县边界等重要控制断面、水功能区和地下水水质、水量、水位监测能力建设，监测核定数据作为考核有关市、县水利现代化水平和最严格水资源管理制度落实情况的依据。

最后，应当加快全省水资源管理信息系统建设，建立水资源管理“三条红线”的控制监测网络和评价指标制度。同时，不断创新水资源管理体制和机制，继续深化水务管理体制改革，避免片面追求形式，要更加注重改革实效，真正实现对城乡涉水事务的一体化管理。

二、水利工程

一直以来水利作为国民经济的基础产业，对国民经济的发展起着重大保障作用。迈入21世纪以来，国民经济快速发展，科学技术突飞猛进，水利工程建设也一步步走向现代化，这为水生态文明城市建设奠定了良好基础。

1. 加快建设南水北调山东段

根据《国务院关于南水北调工程总体规划的批复》，南水北调东线工程拟在2030年以前分三期实施，一期工程首先调水到山东半岛和鲁北地区，有效缓解该地区最为紧张的城市缺水问题。南水北调东线在山东境内规划为南北、东西两条输水干线，全长1191千米。其中南北干线长487千米、东西干线长704千米，形成“T”字形输水大动脉和现代水网大骨架，具有巨大的经济效益、社会效益和生态效益。

2. 良性运行与改造引黄济青工程

引黄济青工程让青岛人喝上了黄河水，从此解决了长期困扰青岛人的用水问题，也使青岛市的经济发展得到长足增长。该工程横亘山东半岛西部，使得山东省水资源的分布更加趋于平衡。在社会主义市场经济体制不断完善的条件下，引黄济青工程管理单位的主要职能，应该从过去的强化工程管理转变到强化对引黄济青工程的经营，以促进其步入良性发展轨道。要加大科技投入，不断用新材料、新工艺、新方法来改造工程，提高工程的科技含量、运行效率。

3. 发挥各区市大中小水库及地方水利工程效用

山东省省委、省政府带领全省人民发扬自力更生、艰苦奋斗的精神，与水旱灾害进行了长期不懈的斗争，推进水利基本建设，整治河道、修建水库，取得了巨大成就。根据水利普查和注册登记，目前山东省共建成各类水库6411座，其中大中型山丘水库189座（大型33座、中型156座）、平原水库42座（大型4座、中型38座），并建有大量地方小型水利工程。这对发挥水资源的综合效益、兴利除害、重新分配径流、减免水灾、利用蓄水和抬高水位、建设水生态文明城市具有重要意义。

三、治水历史文化

水文化建设也是水生态文明城市建设的重要一环，认识治水历史的悠久性，重树齐鲁文化的人文价值，提高水利工程的人文属性，加强“历史—区—现代”三维相彰的水文化体系建设，打造具有地区特色的水文化体系，培育水生态文明意识，是下一步水生态文明优秀水文化建设的发力点。

1. 传承大禹治水的悠久水文化历史

水文化是反映水事活动的社会意识。大禹治水时期只有石斧这些不坚固的挖土工具，在大禹的带领下，人们凭着这些简单的工具，遵循自然规律，疏通河道，终于消除洪患，保得一方太平。治水期间，大禹三过家门而不入，居外三十载。正因为如此，大禹治水才体现了大智慧、讲奉献，还有天人合一的思想，是我们水生态文明城市建设继续传承的文化精髓。

2. 弘扬以儒家思想为核心的齐鲁文化

水生态文明城市建设在从技术上解决现实问题的同时，要进一步解决社会问题、意识问题和伦理问题，才能做到标本兼治。中华文化中，儒家的“天人合一”、道家的“道法自然”和佛教的“万物皆有生命”等观念，与水生态文明的理念不谋而合。山东地处齐鲁文化的发祥地，根据已有文化对比研究表明，齐文化开放、鲁文化持重，齐文化重法制、鲁文化崇伦理，齐文化倡革新、鲁文化尊传统，齐鲁文化结合互补、扬长避短。齐鲁文化以儒学为核心，儒学在山东有着广泛而深厚的社会基础，影响了一代又一代山东人的性格。因此在水生态文明城市建设的今天，强化水生态文明意识的同时，也要弘扬以儒家思想为核心的齐鲁文化，从根源上解决意识问题。

3. 彰显现代水工程建设的成就

齐鲁大地上许多城市是依托水利工程发展起来的，治水奠定了城市的根基。水生态文明城市建设需要巩固和发展这些优秀的治水成果，深刻挖掘现代水利工程的背景、建设历史、建设成就，并赋予其独特的人文内涵，通过多种展示方式，让水利工程背后的历史呈现出来。

4. 基于地区文化的水文化系统建设

具有地域特点的齐鲁文化是中华文化的核心，其天人合一的思想也是儒学思想所在。大禹文化因水而生，其科学与献身精神及天人合一的思想成为中国水文化的精髓。水生态文明城市建设要以齐鲁文化为背景，在现有水土资源的条件下，实现水利工程的景观化、生态化乃至人文化，将大禹文化、黄河文化等文化在传承的基础上进一步发扬光大。

第三节　“生态—安全—产业”多目标协调

水生态系统、供水安全、经济用水和水产业，是水资源支撑的自然水循环系统和社会水循环系统的三大目标。系统治理视角下的水生态文明城市建设要协调这三大目标，实现人水和谐。从系统角度分析，城市用水与流域水生态环境的相互作用系统可看作社会—经济—自然的复合系统，划分为社会子系统、经济子系统、水环境子系统及水资源子系统。其中，以水环境子系统为核心，社会子系统和经济子系统之间存在正反馈关系；水环境子系统与水资源子系统之间的反馈关系为正；而社会子系统和经济子系统的过度、不合理开发会反作用于社会和经济发展，形成制约。

一、“生态—景观—人文”三者共融的城市水景观系统

城市河流的物质特性、形态特点、功能特性等能增加城市景观的多样化。水景观建设要量水而行，提升现有水景观的人文背景，赋予水景观以生命特性和人文特征，实现水景观的视觉、触觉、感觉三相共融。

1. 加强水景观量水建设

城市因水而兴，因水而废。山东省以占全国 1.1% 的水资源养育着占全国 7.3% 的人口，灌溉着占全国 7.4% 的耕地，生产着占全国 8.4% 的粮食，支撑着占全国 9% 的国内生产总值。现实情况对山东省的水资源利用提出了更高的要求，需要我们科学盘活全省水资源量，优化水资源利用能力。应该从公共供水管网漏损率、生活节水器具普及率、水利风景区占地面积、工农业用水效率等几大因素来具体把握，以水定需、量水而行、因水制宜，推动经济社会发展与水资源和水环境承载力相协调，建设永续的水资源保障。

2. 实现水景观生态化

构建良性的水生态环境，从宏观方面来看，要以系统治理的思维来统领全局。科学地进行规划统筹，合理地安排阶段目标，保证充足的财政资金，加快技术创新，发挥社会组织的作用、培养城市居民的主人翁意识，有条不紊、循序渐进地将构建良性的水生态环境落到实处。从微观方面来看，水生态环境因子涵盖范围较广。水生态方面主要包括水土流失治理率、水生动物种群数量、河湖与地下水健康程度三个指标，水环境方面主要包括再生水回用率、城镇污水处理率及水功能区河湖地下水达标率三个指标。构建良性的水生态环境，需要将宏观与微观两个方面结合起来，将上述多个方面始终贯穿于水生态环境因子中的全过程中去。生态控制线是中国生态环境保护领域的制度创新，其实施路径包括划定生态底线、保护核心生态资源、构建生态平等产品等，对实现生态保护和可持续发展具有重要意义。

3. 提升水景观人文性

复杂多样的河流江岸形态不仅为水生生物提供了丰富多样的生境，也为人类提供了丰富优美的自然景观。针对现有的水景观，包括过去的护城河、工程景观等，深入挖掘工程建设的背景、建设历史、当地风俗等，赋予水景观人文意义，明确水景观的时代特征，让城市居民深刻领悟地区发展的历史脉络，多一份爱水爱家的情怀。

二、"安全—健康—效益"三位一体的水安全保证系统

城市水安全是指存在足量的质量合格且价格合理的水资源，能够满足家庭、企业、国家的健康安全、福利水平和生产能力等短期和长期需求的状态，主要包括供用水安全、饮用水源地安全、防洪排涝安全等。水是人类赖以生存的根本，是城市产生和发展的根基，而城市水安全事关群众切身利益，是一项公共事业，因此实现城市水安全既需要政府的主导作用，也需要企业、居民、社会组织的广泛参与；既需要制度层面的顶层设计，也需要微观层面的行动落实。

1. 保障城市供用水安全

城市供用水安全是指城市供水系统能够适应经济和社会发展的需要，充分保证城市居民生活用水、工业用水、生态用水和消防用水，同时必须满足用户对水量、水质和水压的要求，做到具备充足的水源，足够的取水、净水设施能力和合理的输配水管理，并力求在运行过程中做到安全、可靠、经济、合理。增强城市供用水安全最主要的就是要开源节流和防治污染。政府首先要打破单一的水源供水体系，探索多水源取水方式。在沿海地区要将海水作为水资源补充纳入水资源规划之中，制定海水利用产业政策，大力推广海水淡化新技术，积极推进海水利用产业化。在内陆地区要兴修水库，缓解地表水季节分配不均等问题。同时加强行业检测和行政监督，建立城市供用水水质预警制度，及时掌握城市供用水水质动态，通过信息化建设、供用水应急预案的建立等技术手段，提高城市供用水系统的科学决策能力和应急能力。

2. 确保城市饮用水源地安全

饮用水源主要指来自河流、湖泊、水库或地下水的原水。加强饮用水源地安全建设需要一套综合、系统、完善的风险预防、应对、处理、恢复体系。职能部门要完善制度、落实责任，环保、建设、水利、规划等部门及取水单位主要负责人定期通报水源地保护情况，形成联合执法、齐抓共管的局面，共同建立起针对水源地水质保护的监控网络。供水企业要建立应急管理措施和应急预案数据库，从而最大限度地减少突发性环境污染事件对饮用水源地造成的不良影响。同时加快备用水源建设，一旦发生大规模的饮用水安全事件，能迅速启动备用饮用水源，以防影响当地群众的正常生活。

3. 加强城市防洪排涝工作

防洪排涝安全是城市基础设施工程安全的重要组成部分，是城市居民正常生产生活及社会可持续发展的保障。城市防洪排涝安全依托于科学完善的防洪排涝体系，其组成一般包括水库、堤防、水闸、排涝站及滞洪区等防洪排洪设施。政府要强化防洪排涝工程措施建设，推进城市内河河道及排水管网的改造，加强排涝泵站等基础设施建设，全面消除易涝易淹片区。汛期来临之前要集中开展防洪检查，对城市内涝隐患点进行重点整改。按照以区为主、条块结合和属地管理的原则组建汛期临时防洪排涝工作小组，统筹负责辖区内

的防洪排涝工作。建立城市防洪涝灾害预警预报机制，气象、水利、城建、水务等各相关部门协同配合，协调好各部门之间的关系，形成一个城市防洪涝灾害预警预报系统。

三、“产业—特色—环境”三标兼顾的水产业发展系统

开展集约化的水产养殖，合理布局盐化工业，兼顾生态保护的港口建设，实现河口滩涂生态恢复、近岸海域国家水产种质资源保护与水产业协调发展。协调水产业发展与生态保护，根据地区优势，利用湖库、河口滩涂、近岸海域发展特色水产业，兼顾水环境与水生态的保护，实现水产业发展与水生态环境保护共赢，促进全社会水生态环境保护、绿色发展价值取向的形成。

1. 发展生态渔业兼顾退减滩涂

山东省目前的海水养殖中，现代化水产养殖占比较小，滩涂占地面积大，养殖类型多半是季节性的常见品种，滩涂利用率不高，养殖产品的附加值低。同时，滩涂占用比例大，天然滩涂几乎不存在。未来，随着生态山东的建设，将以服务现代养殖业的发展为目标，根据区域的整体布局，适当退减部分滩涂。

2. 发展盐化工业兼顾城市布局

盐化工业作为海水养殖的末端产业，受当年降水的影响较大，收益不稳定。与此同时，盐化工业会使区域地下水向浓盐水方向发展。为实现区域协调发展的目标，盐化工业应当合理规划布局，减少浓盐水对地下水的渗透，远离阴湿区域建设，并将其纳入水生态文明城市规划的整体布局。

3. 建设现代港口兼顾生态保护

山东省有很多国家级水产种质资源保护区，港口的建设和运行应严格执行工程环境影响评价程序，保护近海水环境，加强近海水质监测，减少内陆污染水源排放，增加水文景观，建设生态港口。

第四节　“政府—社会组织—居民”多主体参与

系统治理强调多元主体对水资源的共管共治，山东省水生态文明城市的建设需要包括政府、社会组织和居民在内的各个主体发挥能动性，共同致力于水生态环境良性循环目标的实现。政府主要在制度供给、职能转变、统筹协调等方面发力，社会组织应该发挥及时监管违法违规用水行为、积极参与水生态文明城市建设等方面的功能和作用，居民则需要不断提高节水意识，将底蕴深厚的齐鲁水文化融入日常生活中。

一、政府部门

2011 年，山东省在全国率先探索建立实行最严格的水资源管理制度，2015 年已初步构建起涵盖制度体系、指标体系、工程体系、监管体系、保障体系、评估体系六大体系的严格的水资源管理制度框架。下一步，随着城市水务管理体制改革的深入，要建立权威、高效、协调的水务一体化管理机制。各种水问题和治水活动都存在内在联系，因此各级水行政主管部门要对各类水资源实行统一规划、统一调度、统一配置、统一管理，明确自身职能：正确处理流域管理和区域管理的关系，找准发力点，探讨完善两者相结合的管理体制。同时要结合本地实际，有重点地推进本地海绵城市建设，实现“山—河—湖—城—田—文”的有序水循环，提高水生态文明城市建设的整体水平。

二、社会组织

社会组织是联系政府和城市居民的桥梁，要充分发挥它的纽带作用。在“政府—社会组织”一侧，政府要向社会组织适当放权，使它们有能力去监管企业或个人的用水用量和方式；要建立与社会组织的信息分享机制，使政府的官方数据和社会组织的民间信息能够得到有效的流通和利用；要继续实施政府和社会资本合作的“PPP 模式”，将一些水生态文明城市建设的项目公开向社会组织招投标，运用社会组织非营利性、中立性、志愿公益性的特征，拉动项目建设的有序推进。在“社会组织—居民”一侧，社会组织首先要发挥培养居民节水、保水、护水意识的功能，利用社区展板宣传、公益广告教育等多种方式，唤醒城市居民对当前水系统问题严重性和紧迫性的深刻认知；同时，社会组织要搭建城市居民参与水生态文明城市建设的多元平台，通过节约用水、城市河道清污、水源地植被保护等多种活动让居民能够真正参与到水生态文明城市建设中来，体验到建设的实效性并愿意支持和贯彻政府水生态文明城市建设的相关政策。

三、城市居民

《中华人民共和国环境保护法》规定，一切单位和个人都有保护环境的义务。城市居民节水已经成为城市节水工作的重点，公众节水意识淡薄、节水型生活用水器具普及率低、漏损等隐性浪费严重是目前城市居民生活节水存在的主要问题。要通过节水宣传增强城市居民的节水意识，养成良好的用水习惯；在广大居民中推广节水器具，提高水资源利用率；通过推行贯彻阶梯水价的方式来引导居民节约用水。居民要加深对水生态文明城市建设的认知和认可，树立先进的水生态文化价值观和适应水生态文明要求的生产生活方式；注意引导居民充分利用手中的知情权、建议权和监督权，认真监督并及时曝光过量用水；超量排污的行为；积极参加“全民节水”等水文化活动，传播惜水、爱水、护水、亲水的水文化。

第五章　城市生态景观湖泊的研究与设计

第一节　工作方法与设计理念

2004年，某城市（简称S市）计划开发一个新区，作为教育、科技、商业、居住区域，规划中确定开挖一个湖泊（龙子湖）作为新区的生态景观核心，以提升城市的品位，增加竞争力。市政府对景观湖提出了很高的要求，当地社会各界对此也非常关注。由于城市生态景观河湖与普通的水利工程不同，既没有设计规范也没有导则和标准，湖泊设计部门感到责任和压力很大。于是，设计部门邀请了十几家单位的几十位在水利工程、生态环境、景观设计、城市规划方面富有实践经验的专家、学者，召开了几次咨询研讨会，探讨如何做才能将这个湖泊设计得最好？笔者参加了所有的研讨活动，承担了部分研究课题，对该湖的设计方案进行了长时间深入的研究与分析，提出了一整套思路和方法，受到设计部门的好评，提出的方案多数被采纳。以下以该工程为例，论述其设计中需解决的一些重要问题及解决方法。为该工程做过工作的专家很多，考虑到版权问题，在这里笔者只介绍自己的思路、方案和研究成果。有必要说明的是，该新区开发尚在启动中，许多设计方案尚未定型。

一、设计目标

S市新区规划的指导思想为“生态城市”和“共生城市”，提出了如下设想：构建一个生态河湖水系，以此为依托，营造城市的绿化系统和生态系统，实现“人与自然、人与历史文化、人与其他物种”的共生。水系开发的任务则是：改善生态环境，提高城市品位，促进城市发展，培育和发展旅游产业。水系将成为城市新区的景观核心，新区将成为有风格、有特点的美丽的城区。

新区规划要统一考虑道路网、建设用地、公用设施等方面，因此龙子湖水系被限定在一定的区域内，在这个给定的区域内，湖泊设计有很大的发挥空间。

规划的新区是平原地带，目前土地利用状况是农田、村庄、道路、池塘。水系建设项目包括水源工程、输水工程、生态湖泊工程等，水源引自黄河，工程与改造后的城市河流共同构成生态水系。整个龙子湖都是在平地上进行开挖的，无现有湖泊可利用。

湖泊设计部门确定的主要设计目标如下：

1. 保持湖泊水质清洁。这是最重要也是最基本的条件。通过对湖体形态、引退水规模的设计，保证湖水流动分布合理、水体置换率较高；通过生物措施，增加湖水自净能力；通过截污，尽量减少污染物质的流入。以上均是保证“水清”的有效手段。

2. 营造内涵丰富的景观。龙子湖内外岸线总长度约 11 km，景观设计有较大发挥余地，可以综合考虑生态水系、现代建筑、当地历史文化等特点，按科学、历史、自然、休闲和健身等主题划分为若干景点、景群，形成环湖风景线。

3. 构筑多自然型湖岸。湖岸形式尽量贴近自然，建设多自然型湖岸，使水生生物、鸟类、湖滨植物有一个良好的繁衍、栖息场所，以实现“人与自然、人与历史文化、人与其他物种共生”的总体规划理念。构筑多自然岸线可以在施工设计阶段考虑，在可行性研究阶段尚不必要。

4. 可持续利用。当地作为缺水城市，“节水”是水系设计的基本要求之一，为此需要加强水资源的综合利用。此外，湖泊水质、景观、生态及各种服务设施的维护也是长期任务，水系建设要满足可持续发展的需要。

二、对龙子湖项目特点的分析

笔者对项目的特点进行了分析，提出了自己的观点，得到设计部门的认可。拟建的龙子湖不是已有湖泊，而是待开挖的湖泊，因而其规划设计具有很大的灵活性，设计者有充分的创作空间。就像雕塑、绘画艺术大师一样，几乎可以完全按照自己的愿望和理解进行创作，而不同的大师创作的作品风格又迥然不同。龙子湖的规划、设计、建设具有类似的特点。

然而，龙子湖水系的规划设计也受到许多因素的制约，主要表现在如下几个方面：

1. 龙子湖是新区规划内容的一部分，同时纳入规划的还有分块建设布局、路网布局、管道布局等，水系规划与市政规划相互制约、相互协调。

2. 河湖水系布局受到地形、自然河流系统的制约，必须符合水源供给及水流自然规律。

3. 水系布局在一定程度上必然受到行政、社会方面的影响。以上限制因素主要制约了湖泊位置的选取、湖泊面积规模、入水及退水流路、湖泊平面形态等，但在局部形态或细节上还有一定的灵活性。龙子湖水系的规划设计在以下几个方面有较大的灵活性：

1. 湖体形态（包括容积及湖底地形）。考虑到水资源供给、水质保护、水生生态平衡、景观、旅游、市民休闲锻炼、亲水性、城市服务功能等多种因素，湖体形态的设计中有许多科学文章可做。

2. 湖岸建设形式。设计中，在考虑以上各种因素的基础上，可以建设“多自然型”湖岸，形态可以说多种多样，这样可以体现先进、多样化的设计理念，使未来的湖泊富有魅力，更好地为城市服务。

3. 湖滨带植物配置。适合当地气候、地理条件，且干净美观，对水质净化有利的植物种类较多，可以选择多种类型，既能营造美丽的景观，又能体现生物的多样性。

4. 水质生物净化手段。方法较多，可选余地较大，可选植物种类很多，可以结合景观美化进行配置。

5. 在考虑水环境保护的基础上，可以对引用水量进行季节性优化调配，以节约水资源，减少运行期间的购水成本。

6. 在考虑水环境保护的基础上，可以对引水、退水工程布置及水量入湖分配进行优化。

7. 考虑旅游、市民休闲锻炼、亲水性、城市服务功能的各类配置。

8. 考虑城市防洪、雨水分流等的布置。

9. 考虑水资源再利用的问题。

10. 考虑未来与水环境保护相关联的水系及市政管理。

三、设置研究专题

明确了设计目标及项目特点以后，为了实现目标，充分挖掘龙子湖的潜力，使其在未来城市中最大限度地发挥环境及服务功能，有必要对一些关键性的问题进行深入研究，设置一些研究专题。本项目设置专题所遵循的原则如下：

1. 关键性问题。对项目规划设计中面临的一些重要又具有一定灵活性的问题设立专题进行研究。

2. 不可逆转性问题。湖泊一旦建成，有些问题是难以逆转的，如湖泊形态、深浅分布、水源流路、雨水入口等，必须在规划设计阶段处理好。对于这些问题需设专题进行研究。

3. 可理解性。专题研究的内容、手段、结果，要使设计部门易于理解、易于采用，研究要与设计接轨。

4. 实用性。所列专题必须具有实际应用价值，研究的结果能够直接被设计部门采用，确实能够应用到工程的实际建设中去。

基于以上原则，笔者最初提出了 9 项需要研究的专题，后经设计部门斟酌并经研讨会讨论后形成了 7 个项目，题目及基本内容如下：

1. 专题之一：水环境现状质量、污染源调查及预测。

目的是对工程所在地的地表水、地下水环境质量现状进行调查、监测，对未来城市化后的水污染源进行预测，对湖泊水质进行宏观预测，提出污染预防措施，便于在设计阶段考虑，也便于与新区总体规划相协调。

2. 专题之二：湖体形态优化及生态布局研究。

设计一个什么样的湖泊形态最科学、最合理？应该从哪些因素考虑这个问题？因为湖泊一旦挖成注水就很难再重修，实际上，这个过程是不可逆的，因此必须在规划设计阶段把问题考虑得比较周全。在考虑水流流速分布、富营养化抑制、湖岸开发利用、水生生态环境平衡、景观需要等因素的基础上，对湖泊形态进行优化设计。

3. 专题之三：湖周湿地生态布局研究。

目的是结合湖泊形态优化，考虑污染治理、雨水净化、生态环境、景观效果等，在湖周围设计一些湿地，统一考虑水生植物的选择、配置。

4. 专题之四：自然型湖岸模式研究。

立项目的是确保用最先进的理念设计出新颖别致、景观美丽、功能多样、利于生态保护、符合环境发展方向的布局方案（或模式）。这也是城市湖泊设计中关键性的环节。

5. 专题之五：湖周陆地景观设计。

目的是在湖周围进行绿化造景，选取多种植物，进行科学搭配，营造生物多样、景观美丽的环境，为人与自然的融合提供场所、创造条件。

6. 专题之六：本地适生植物种类及特性研究。

主要是调查本地区的适生植物种类及生长特点，为陆地景观设计及湿地设计提供基础。

7. 专题之七：龙子湖水系水体流动及水质演化数值模拟研究。

利用成熟的数值模拟技术，模拟湖内水体的流动情况及水质指标在湖内的分布，目的是优化湖泊形态、优化工程布置、优化水资源配置、预测水质演变、分析富营养化。

以上研究专题由设计部门分别委托不同的单位（或联合）承担，笔者参与了如下几项专题的研究工作："水环境现状质量、污染源调查及预测（专题一）""湖体形态优化及生态布局研究（专题二）""自然型湖岸模式研究（专题四）""龙子湖水系水体流动及水质演化数值模拟研究（专题七）"。

四、专题内容及研究方法

在这里，笔者就参与的几项专题的工作内容及研究方法介绍如下：

1. 水环境现状质量、污染源调查及预测

调查龙子湖所在地环境现状；地形地貌；土地利用现状；土壤情况；鱼塘水池面积及利用；河流流量、水质；地下水水位及水质；水源地（黄河）水质现状；城市雨水水质，等等。对未来污染物种类、污染物浓度及污染物入湖量进行预测，为水环境预测及生态环境设计提供依据。水质委托当地有资质的部门取样化验。

2. 龙子湖水系水体流动及水质演化数值模拟研究

主要是利用成熟的数值模拟技术，模拟湖内水体的流动及水质情况。在可行性研究阶段，针对已有的湖泊初步设计方案，进行如下计算研究工作：

（1）优化水流流态，使流态更均衡，有利于保护水质。

（2）优化引水流量在进水口的合理分配。

（3）在水量引入时，预测湖泊水体置换率分布情况。

（4）优化引水流量及湖水水位在季节上的合理分配。在水资源供给总量一定的情况下，合理分配引水流量在季节上的变化，可以抑制富营养化的发生。

（5）预测水质分布情况。考虑到污染物可能流入的情况，抓住主要问题，预测水质变化。

（6）数值模拟水质长时间演变情况。

（7）数值模拟分析总磷浓度变化，以作为湖泊是否可能发生富营养化的判断条件。

（8）预测雨水对湖泊水质的影响，为城市防洪雨水入口合理配置提供依据。

（9）为龙子湖运行期水资源综合利用提供服务。

（10）从工程上、管理上、行政上提出水环境保护措施。

在初步设计阶段，针对最终确定的湖泊形态，重新进行以上方面的工作。

3. 龙子湖生态布局及湖体形态优化研究

在初步设计阶段进行该专题研究，直接为设计服务。

（1）对问题的理解

虽然受到道路网等城市布局的限制，湖泊平面形状设计依然存在很大的可调性。湖泊形态问题是本工程中最重要、最敏感的问题，实际上这个问题是不可逆的，设计一个什么样的湖泊最科学、最合理？应该从哪些因素考虑这个问题？必须在规划设计阶段考虑周全。湖泊生态环境布局与湖泊地形紧密相关，形态是基础，是生态布置得以实现的前提条件，因此生态环境布局与地形设计是不可分割的。而地形又会影响到水流流态，影响水体置换问题，与水质保护关系密切，水体置换是保持水质良好的最可靠、最安全、最有效的手段。因此，生态环境布局—湖泊地形设计—水流流态是一个不可分割的整体，必须纳入一体化进行研究。这是一个涉及多种专业的综合性问题。

（2）生态布局问题研究

龙子湖生态布局问题主要包括如下内容：岸线分段功能区划；人类与自然的和谐相处；植物配置区划；水质净化湿地；生态岛屿；水体内水生生物平衡问题，运行期生态管理及控制；等等。涉及环境、社会、人文、生物、水利等，面较广，问题比较重要，需要在设计部门的协同下，由相关领域的几家单位共同完成。

生态布局工作内容主要有以下几个方面：

1）在设计湖泊形态时，需要考虑局部岸线的功能问题，并纳入总体功能区划中。

2）设计湖泊形态时，考虑人类与自然的和谐问题，湖泊能够为城市居民提供一个景观优美、层次丰富的水域环境。

3）设计湖泊形态时，必然考虑到局部范围内的植物配置问题，提出一系列设想和要求，与陆域景观设计相协调，而非替代景观设计。

4）设计湖泊形态时，需要考虑水质净化湿地配置问题，考虑生态岛屿问题。

因此，湖泊形态设计涉及生态布局问题，生态布局问题也离不开湖泊形态问题。

（3）湖体形态优化研究

湖体形态优化研究主要考虑以下方面的内容：岸线分段局部功能区划；人类与自然的

和谐相处；植物配置区划；水质净化湿地；生态岛屿；水流流速分布；富营养化抑制；湖岸开发利用与周边城市功能相协调的文化内涵问题，水流流速分布问题等。

1）岸线分段局部功能区划。未来的龙子湖周围都将建起大学，湖泊将具有多功能，为城市居民及文化教育服务是其重要的职能，因此必须考虑其功能区划问题。

2）人类与自然的和谐相处。考虑居民休闲、游览、观光问题，考虑为大学师生创造一个富有文化气息的优美环境。

3）植物配置区划问题。在局部范围内，必然要考虑植物配置原则，以使景观、自然、环境、文化相协调。

4）水质净化湿地。湖泊形态必须与水质净化湿地布置结合起来。

5）生态岛屿。在湖泊形态设计时，考虑设置几处孤立岛屿，为鸟类创造一个安全、幽静的栖息地。

6）富营养化抑制。根据目前为止的湖泊水质观测成果，在同样水质条件下，水深越深，夏天越不易发生富营养化。因此，应在已有研究成果的基础上考虑水深布局问题。

7）湖岸开发利用。主要考虑旅游、教育场所等问题。

8）与周边城市功能相协调的文化内涵问题。对各种区域赋予文化内涵。

9）水流流速分布问题。湖泊地形对水流影响较大，注水时在入流—出流的流路上，湖泊主体水域应保持流畅，湖水替换进程应保持均衡，水体能得到有效替换，对保护水质有利。给定几个方案，分别进行水流流态的数值模拟，比较其特点，利于湖泊形态的调整。

4. 多自然型湖岸模式研究

在初步设计阶段进行该专题研究，直接为设计服务。

所谓“多自然型湖岸”是来自日本的一个名词，意思就是把河湖岸边建设地贴近自然，体现出景观的丰富性、形式的多样性、感官上的柔和性。该课题的目的是确保用最先进、最现代的理念协助设计部门设计出新颖别致、景观美丽、功能多样、利于生态保护、符合环境发展方向的布局方案（或模式）。这也是城市湖泊设计中较关键的环节。目前，在国内该项工作处于起步状态。

该项目属于美学、生态学方面的工作，发挥余地较大，设计风格也会因人而异，而且无现成的模式可言，更无设计标准、规范。

目前，国内的园林景观设计与“多自然型湖岸”既有密切的联系，又有本质的区别，考虑问题的出发点不尽相同。进行“多自然型湖岸”的研究，与园林设计进行优势互补，提出一系列创新模式，沿湖进行组合布置，以提高龙子湖的生态功能，形成其与众不同的风格，凸显其特点。要搞好该项工作，必须在以下工作的基础上完成：

（1）对国内已有类似的工程进行考察研究，对河湖岸边形式的优点和缺点进行研究，吸取优点、避免缺点，使得龙子湖岸边设计更先进。

（2）收集研究国际上的有关资料，吸取国际先进经验，用于规划设计布局中。在这方面，日本做的工作较多，资料较多，可以作为重点参考的对象。

（3）学习国内有关人士的先进思想。国内有若干人士在这方面有着独到的思想和见解，有着丰富的国外生活经验，掌握着大量的资料，应充分学习他们的思想，用于设计中。

第二节　湖泊形态优化设计

一、设计方案优化

新区规划中将龙子湖限定于外环路以内、内环路以外的范围内，也就是在一个“回”字形的夹层内。由于受到限制，湖泊形状只能设计成环绕状，但湖泊平面形态及湖底地形仍有很大的可塑性，形态上仍然有很大的优化空间。由于湖泊生态环境布局（含自然湿地、景观布局、旅游休闲、多自然岸线构筑、城市服务功能等）中的众多因素都与湖泊形态紧密相关，因此形态优化是设计中很重要的一环。湖体形态优化研究主要考虑岸线功能分区、人与自然的和谐、植物配置区划、湿地、生态岛屿、水体流动、富营养化抑制、开发利用、景观需要、文化内涵等方面。优化的目的就是提出一个科学合理的、能够将各种因素融入其中的湖泊设计方案。

设计部门根据场地情况提出了一个初步设计方案（方案 1）。北部湖面较窄处宽度约 200 m，西部湖面最宽处约 560 m，南部宽度约 360 m，东部宽度约 470 m。湖外圈岸线长度约 6.2 km，湖内圈岸线长度约 4.5 km。未来湖面加上湖滨地带形成一个开放式都市公园，公园面积 2.2 km^2，其中陆地绿化面积 0.8 km^2、水域面积 1.4 km^2。既然要优化，就必须有一个起点，在此基础上，研究存在的问题，进行逐步改进，设计方案就会越来越完善。方案 1 就是一个起点。笔者对此方案进行了认真研究，认为湖泊平面形态与场地条件相适应，岸线曲折优美，框架基本合理，但存在如下不足，需要改进：

1. 岸滩坡度过分平缓，多在 1/50 ~ 1/100，水位涨落的消落带太宽，容易形成烂泥滩，对景观不利，也不利于行船等水面利用；水深过浅易造成夏季水温太高，容易发生富营养化；易造成水体流动困难，不利于水体交换，对水环境保护不利。

2. 水深布局不合理。在湖的南半部水深相对较深（深处 2 m），而北半部则相对较浅（深处 1.5 m），夏季水深的地方水质优于水浅的地方，而入水口在北部，退水口在南侧，换水时好水流出湖泊、较差的水则留存于湖内。鉴于以上原因，所以水深布局不合理。

3.4 个岛屿面积太大。小的近 10 000 m^2，大的近 20 000 m^2，这种岛屿给人的感觉不是“岛屿”而是“陆地”，于景观不利；而且大面积的岛屿往往被人利用，被用于建设宾馆、餐厅之类的场所，难以起到生态保护的作用。

4. 岛屿与陆地之间太窄浅。作为生态岛屿，目的就是为动植物提供一个安全、安静的栖息地。岛屿与陆地之间的窄浅水域，使人类很容易登上岛，造成干扰。

5. 湖泊北部道路桥梁处的河道太窄，对水流流动、水体交换不利。

6. 湖岸形态没有考虑开发利用（如游船码头）、亲水性（如游泳场）等。

在以上认识的基础上，与设计部门进行了充分的探讨，对湖泊设计形态进行了改进。

方案 2 在方案 1 的基础上做了如下修改：

1. 岸滩坡度由原来的 1/50 ～ 1/100 变为 1/5 ～ 1/20，有利于岸线的开发利用，但依然属于缓坡。

2. 水深布局进行了调整。在每一片湖的核心都加大了水深，由原来的不足 2 m 增加到 3 m。对于城市景观湖泊来讲，这个水深是最适宜的，对保护水质、减缓富营养化的发生有利，而且效果明显。水深总体布局更趋于合理。

3. 生态保护岛由 4 个减为 3 个，调整了岛屿位置，加大岛屿与岸边的距离，用深水通道隔开，提高了岛屿的安全度，对保护生态环境有利。减小了岛的尺度，面积由原来的 10 000 ～ 20 000 m^2 变为 2000 ～ 3000 m^2，这个尺度比较合理，对景观及生态保护都有利。

4. 湖泊北部道路桥梁处的河道进行了拓宽，由原来的 50 m 变为 80 m，对水流流动、水体交换更有利，有利于发挥水面景观效果。

5. 贯彻了“以人为本”的原则。为了让龙子湖更好地服务于市民，共设置了两处“都市海滩”，这两处地形、水深、面积都适宜用作游泳、嬉水的场所，供人们在夏天游泳、嬉水。

6. 湖岸形态考虑了开发利用。考虑到将来居民休闲、开发旅游十分重要，岸边水深设计中考虑了 4 处码头，外岸 2 处、里岸 2 处。根据龙子湖的尺度、布局形态，根据游人的一般行动规律，4 处码头是合理的，数量太多或太少都不太合理。此外，还考虑了码头与城市防灾的结合，必要时可用于消防取水，其位置配置既考虑了游人的通道，也考虑了消防通道。

7. 对湖岸线进行了适当调整。主要是考虑为陆地绿化造景，为人类活动留下适宜的空间。

因为贯穿龙子湖的道路桥梁有 6 座，城市规划部门提出湖泊设计中应尽量减少桥梁建设投资，希望保留原设计中两座桥下的岛屿，作为桥梁支撑。于是就形成了方案 3。与方案 2 相比，方案 3 恢复了原设计中两座桥下的岛屿，其他没有变化。

之后，笔者又对湖泊形态进行了更进一步的研究和修改，提出了方案 4。

在方案 4 中，前面方案的优点全部保留，主要变化是将主湖核心区的深槽沟通起来，对于水环境保护、水流流动、水体交换有利。

至此，方案 4 被作为可行性研究阶段的基本方案，下一步的工作，如水体流动及水质演变的数值模拟、引水口工程布置优化、水资源优化调配、湿地生态系统布局等在此基础上进行。

在龙子湖形态设计方案优化过程中，设计部门组织专家学者进行了多次研讨，考虑的因素（如工程布局、生态环境、水质保护等）越来越全面，方案越来越科学。总结一下，基本方案（方案 4）主要有如下特征：

1. 满足城市总体规划要求。新区道路网、城市建设、河湖水系布局是一个整体，根据市政府规划部门的要求，湖泊形态要在不改变道路及城市规划布局的前提下进行设计。该方案满足这个要求。

2. 岸线设计成曲线。在专家研讨会上，人们一致提出，自然河湖的岸线都是曲折的，直线型岸线不符合自然法则，显得死板、过度人工化，不利于创造多样性的生态环境，也不利于景观。吸取了专家们的意见，岸线设计成曲线型。

3. 边坡设计成缓坡。为了创造一个良好的岸线生态环境，边坡没有设计成直立峭壁式。缓坡的设计为下一步湿地、景观等多自然型岸线的构筑创造了基础条件。

4. 考虑到桥梁建设节约资金。满足了市政规划部门的要求，龙子湖形态设计时考虑了桥梁建设问题，桥梁处的水面宽度不超过 100 m，考虑到水面太窄会影响景观，一般宽度控制在 80 ~ 100 m 范围内，并在两处设置了岛屿，既增加了景观的丰富性，又可以作为桥梁的支撑。

5. 设置了生态保护岛。在宽阔的水域，设置了 3 处生态保护岛，目的是为水禽、候鸟等提供一个安全、安静的栖息地，有效保护生态多样性。生态岛距离最近的岸线都在 100 m 以上，岛与岸之间的水深都在 2 m 以上，可以有效地阻隔人类，保护岛上环境不受或少受人类破坏。

6. 水深布局考虑了水环境保护。水深布局考虑了水域水面开阔性，考虑了东、西两条流路的流动均衡性，考虑了夏天富营养化的抑制，考虑了换水过程的效果。

7. 考虑了岸线开发利用，考虑了陆地绿化造景及人类活动空间，考虑了亲水性等人与自然的和谐问题。

总之，设计方案是在探讨和考虑了很多因素的情况下优化出来的，为以后的许多因素（比如景观设计、自然型岸线设计、环境文化的建立等）搭建了一个科学合理的构架。随着对问题认识的逐步深入，对于一些深层次的问题考虑得会越来越成熟，比如在初步设计阶段还需要在更高的层次上对湖泊形态进一步优化。

二、景观概念设计

在方案 4 被确认之后，设计上停滞了一段时间，原因是下一步的目标不明确，感到了一种困惑。笔者进一步研究后认为：方案 4 虽然考虑了很多因素，但水面景观与北京“六海”类似，水体均为宽阔水面，站在水边赏景时会发现，水面一目了然，景观单一，层次贫乏，缺乏变化，缺乏意境，缺乏韵味。因此，方案 4 只能说是完成了第一阶段的任务，而第二阶段的任务就是所谓的“湖体形态景观设计”，创造一个景色美丽、富有魅力、意境超脱的湖泊，并为湖泊赋予浓厚的文化色彩。只有达到这个目标，才能说设计水准登上了一个很高的层次。在以上思维方式的推动下，笔者又开始了湖泊景观设计的尝试，提出了“龙子湖景观设计概念图”。设计该图案的目的不是提供一个完整的设计方案，而是提供一个概念、提供一个思路、提供一个模式、提供一个风格、提供一个方向，以起到启发设计、指导设计、推动设计的作用。笔者在专家研讨会上将此方案发表后，获得与会设计人员及专家学者的高度评价。下面对此景观方案的设计思路及特点进行介绍。

景观概念设计理念：

1. 在基本方案的基础上，对湖体形态进行了景观设计；

2. 涵盖了基本方案在水流、生态、服务等方面的优点；

3. 吸收了其他优秀水系设计的经验与方法；

4. 重视人与自然的和谐；

5. 注重水系对人类的服务功能。

景观概念设计要点：

1. 基本保留初始方案的外岸轮廓，对内岸进行了重新设计；

2. 基于水流顺畅、水质保证的考虑，保持湖体外围较宽的主水域；

3. 将内岸岸线的水区、陆区重新划分，并进行分区，设计了 4 个景区。

景观概念设计包括 4 个景区。

●景区 1：山高水长

1. 位于北侧 A 区的内岸。

2. 在主水域以南的陆地中，设计了两条狭长、蜿蜒的河道，每一条长约 400 m，宽 5 ~ 8 m，二者大小及形状相同，位置对称，形似两条小龙，中间有一个圆形的小湖，整体图案形成“二龙戏珠”，与“龙子湖”的名称相对应。

3. 挖河造山，河道两侧堆积成连绵起伏的山丘，高度 6 ~ 10 m，山上配置松、柳等高大乔木，郁郁葱葱，达到绿化、美景的要求。

4. 河道蜿蜒细长，长度、宽度都适合旅游，两岸山峦树木，构成一个完整的景观走廊，起名叫“山高水长”。夏季，游览其中，人融入山峦—森林—河道的环境中，沿着弯曲的河道行进，景色变幻，趣味无穷；冬季，特别是大雪纷飞的天气里，这里更是别有光景，河道结冰，河面上、树上、山上被白雪覆盖，雪山、雪树、雪河、纷纷扬扬的雪花，形成一个“林海雪原”的世界。

5. 从生态上看，这种设计具有防护林的功能，特别是在初冬季节，西北寒流频繁来袭，山丘树木可以抵挡西北风，减缓风势，保护南侧的大学公共社区。

6. 从水环境保护的角度来看，“二龙戏珠”河道有 3 个口门和外面的主水域连通，利于水体与外部的交换，对保护水质有利。此外，由于河道在山林中穿行，夏季炎热季节，水面被树木遮盖，免受太阳直射，水温较低，不易发生富营养化。

●景区 2：别有洞天

1. 位于西侧 B、C 区的东岸，设计了一片水陆交错、斑驳的区域，在这个区域内，水、陆相间，面积各占 50%。

2. 将湖湾开挖的泥土堆积在岛屿上，形成“岛屿山丘”，滨湖留出人行游览便道。水域以短河道、小湖泊、湖湾为主，相互连通，岛屿岸线曲折变化，水陆形态异常复杂。

3. 岛屿、岸边植物配置为银杏、黄栌、枫树等树种，主要目的是营造富有特色的秋季景观。

4. 每一处湖湾都形成一个独立的景观，湖光、山影、森林浑然一体，乘船游览其中，使人转过河道，便见湖色，辞别一景又来一景，变幻无穷，妙不可言，有“别有洞天”的感觉。

5. 秋末，银杏、黄栌、枫树等树叶金黄、彤红，呈现一片色彩斑斓的世界，成为秋季有特殊色彩的景区。

6. 山林兼具防风林的功能，初冬能阻挡西北风，保护东部的大学公共区。

7. 水域连通性较好，有利于水体交换，夏季山林遮挡烈日，防止水温升得过高，有利于水环境保护。

●景区 3：世外桃源

1. 位于南侧 D 区的北岸，设计了数条蜿蜒曲折的河道，河道纵横交错，相互连通。以窄长河道为主，布成错综复杂的水网，中间镶嵌两处小湖泊，水系形态富于变化，韵味无穷。

2. 水系所在陆地堆成 5 m 以下的低矮山丘，形成连绵起伏的山脉，山上易于绿化。

3. 此区朝南，阳光充足，可配置樱花、桃树、杏树、丁香树等春夏季开花的乔木、灌木。春夏季节，各类鲜花依次盛开，漫山美景，踏入其中，风光无限，宛若世外桃源，故取名为“世外桃源”。

4. 由于河道相互连通，有利于水体的交换，对水环境保护有利。

●景区 4：映水兰香

位于东侧 F 区的西岸。紧靠原岸线设计了一片浅水—沙洲交替的地带，营造出一片典型的湿地景观。

以浅滩、洼地、低丘为主，水域水深不超过 0.5 m，低丘高出水面不超过 1 m，形成水陆间杂交错带。

配置相应的水生、陆生植物，形成自然生态区，保护生物多样性，追求自然个性。

岸边可预留一些活动场地，作为生态教育区，进行生态保护的宣传教育。

三、在文化功能上的考虑

1. 新区规划建设 15 所大学，未来有 10 多万师生生活在这里，另外还有 30 万居民。优美的湖泊为大学师生、居民提供一个赏景、学习休闲、娱乐、锻炼的场所。预计每天都要吸引 5 万人来这里活动，一年四季，这里会成为学生、市民最喜爱的场所。

2. 湖泊可以成为一个生态环境教育场所，小学生、中学生、大学生、居民、普通游客等可来这里参观学习，普及科学知识，感受生态河湖建设的重要意义，感受人与自然和谐相处的意境，感受保护环境的责任。

3. 湖泊提供集体活动场所，春天鲜花盛开之际，可以集体来这里踏青、划船，欣赏鲜花，举行歌舞比赛；中秋之夜，可以集体举行赏月活动，表演节目。总之，一年四季都可以在这里举行各类有益的集体活动。外地游客、外来学者、外来投资者等都可以在这里学到知识、受到启发、得到教育。

4. 为诗人、作家、音乐家、美术家提供了创作场所，一个变幻无穷、风光美丽的湖泊，可以启发一些艺术大师的灵感，可以成为诗人、作家、音乐家、美术家取材的源泉，可以成为他们赞美的对象。

5. 为影视提供拍摄场所，景观美丽、层次丰富的湖泊往往成为影视拍摄基地，以此为背景演绎出许多故事。

四、问题与讨论

湖泊形态优化及景观概念设计是在设计理念的基础上进行的，能够最大化保证设计理念得到实施。笔者提出了景观设计概念图之后，一家景观设计公司也提出了一个景观设计概念图。这两个概念设计在理念上差别较大，风格差别也很大。笔者基于对生活和自然的理解和认识、基于对科学的掌握，吸取了古今中外同类设计中的精华，提出了设计概念，其中主要考虑了社会服务功能、生态环境、景观层次、文化特点等方面。景观公司的设计主要考虑了以下几个方面：

1. 湖泊形态追求地皮商业利润最大化；

2. 周围陆地布置常见的人工造景；

3. 方案中没有论及社会服务功能、生态功能、文化底蕴等方面。

以上两个景观设计概念方案都成为设计部门及建设部门决策的依据。

笔者认为，追求商业利润是重要的，我们毕竟生活在商品社会。但是，假如S市最终将土地利润最大化作为设计方案的理念，那么这个景观湖就会成为一个庸俗、平淡、缺乏魅力的湖泊，达不到预期目标，建设就会归于失败。设计就变得平平淡淡、缺乏特色，就会举不出多少能吸引人的地方。在湖泊区域内，只需要考虑如何建设一个有用、生态、完美、超然、浪漫、变幻的湖泊就可以了，千万不能把商业问题卷进去，考虑商业问题会把问题庸俗化。就像李白写诗一样，全凭一股超然、浪漫的激情，才能写出流芳千古的诗词来，试想，如果一心考虑如何赚到银子，李白能写出什么样的诗？岂不成了账房先生的账本。

S市新区规划面积40 km^2，其中生态河湖景区面积2.2 km^2（水面1.4 km^2，绿化地0.8 km^2），建设面积近38 km^2。因此，在占据了95%比例的建设区内当然要考虑商业问题，而在面积很小的河湖景区内则不应该打商业的主意。只有拥有一个不受商业影响、自然、浪漫、超然、变幻的湖泊水系，整个新区才有魅力，才能普遍升值；反之，如果连湖泊景区都要商业优先，整个新区都是商业优先，则新区也就失去了特色，造成的后果就是整个新区大贬值。

搞这样的一个城市生态景观水系的设计是很复杂的，需要考虑的问题很多，没有成型的规则可言。要创造出一个优秀的作品靠什么？一靠对生活的认识和积累，二靠对大自然的理解和认识，三靠文化艺术素养的积累，四靠对古今中外同类设计的了解和认识，五靠对科学知识的掌握和了解，六靠来自内心的一些灵感。总之，不能一味地依靠教科书，如果只会按照教科书或什么“培训教材”一类的书本工作，那你只能设计出三流的作品。

第三节　环境现状调查及污染源预测

先人在设计景观河湖的时候，是凭着对自然法则的理解和深厚的文化底蕴，很大程度上靠着一种感觉来设计，缺乏数据化的手段。由于城市人口少，不存在污染严重、水资源短缺这样的问题，因而也很少考虑这方面的问题。由于时代的变化，现代化城市建设规模越来越大、人口越来越多、内容越来越复杂，水资源短缺及水系污染问题日益突出，因而生态景观河湖的设计中则必须要考虑这些问题，此外现代化、科学化、数据化的手段（比如水质预测、计算机数值模拟等）也得到普遍应用，这些都成为设计中重要的一环。本节介绍龙子湖的“环境现状调查及水污染源预测”，这也是设计中一项重要的内容，它为污染控制、水资源合理利用提供了一个科学、合理的解决方案，用于设计中的决策。

一、环境现状调查

龙子湖环境现状调查内容包括自然环境现状、社会环境现状、环境质量现状三大部分，需要收集资料、到现场调查、进行监测。在这里只做简单介绍。

1. 自然环境现状

自然环境现状主要调查工程所在地（规划新区）的气候、地形地貌、地质、河流水系、地下水、土壤植被等内容。

2. 社会环境现状

社会环境现状主要调查行政区划、土地利用、农业生产及居民生活水平、城镇、建设及交通、水资源利用等内容。

3. 水污染源现状

穿过工程区域的 4 条河流是 S 市的主要纳污河流，接纳了该市大部分工业废水和生活污水，因此河段污染非常严重。据调查，4 条河流的上游有支流、明渠 17 条，这些沟渠有的流过 S 市区，有的流过城乡接合部，沿线许多单位和住户将管道接入渠内，把河道明渠当成排污通道，肆意倾倒垃圾，导致严重污染。长期以来，居民已形成乱倒垃圾、乱泼脏水的恶习，使沟渠成为天然“公共粪堆集中地”。上述人为弃污现象导致了水环境较差、雨期沟满壕平、污水漫溢，非雨期则臭气熏天、垃圾遍地，所以城市污水及垃圾排放是河流污染的主要来源。

4. 地表水水质现状

对 4 条河流丰、平、枯水期的水质进行了取样监测，监测指标包括水温、PH 值、溶解氧（DO）、高锰酸盐指数（COD）、五日生化需氧量（BOD5）、氨氮（NH_3-N）、挥发酚、氰化物、砷、汞、六价铬、铅、镉、石油类、铜、锌、化学需氧量（CODcr）、氟化物 18 项，在此基础上对各河段现状水质进行了评价。

4 条河流中的重金属（砷、汞、六价铬、铅、镉、铜、锌）及氰化物、氟化物等浓度一般在地表水水质（GB3838—2002）Ⅰ～Ⅱ类；而溶解氧、高锰酸盐指数、五日生化需氧量、氨氮（NH_3-N）、挥发酚、石油类、化学需氧量等水质指标均为Ⅴ类或劣Ⅴ类，有机污染非常严重。

5. 水源地水质现状

由于各种因素，龙子湖近期供水拟采用抽取地下水、收集湖周地表径流量等方式解决。采取水体机械动力循环和生物处理措施，保护水质。

根据总体规划，龙子湖未来永久性的水源来自黄河，根据 2002—2004 年监测，水质在大部分监测时段内不能满足地表水Ⅰ类标准，主要超标项目为氨氮、高锰酸盐指数、化学需氧量、总磷等，且往往超过Ⅴ类标准。但是，从 2003 年下半年至 2004 年年初，水质有所好转，水质一般可达到Ⅰ～Ⅳ类，且超过Ⅱ类标准的主要为化学需氧量和氨氮。

二、新区建设规划调查

因为污染源排放与城市建设密切相关，因此要进行污染源预测，必须先进行城市建设规划调查，可以通过建设管理部门收集规划报告、可研报告等技术资料，从中进行了解。

1. 新区总体建设规划

龙子湖地区南北长 10 km，东西宽 4 km，总用地约 40 km^2，规划总人口为 35 万左右。控制性详细规划把该地区由北向南分为 A、B、C、D4 个区，其中 A 区为居住、商业金融、行政办公、移民安置等用地；B 区为大学校园区，包括高等院校和发展预留的高校、科研中心及部分教职工和学生宿舍用地；C 区主要由一家污水处理厂及教育科研设计用地组成；D 区为居住、商业金融、教育科研设计用地。龙子湖地区规划道路总长 169.3 km，规划立交桥 12 座、停车场 19 处、公交综合车场 3 处、公交枢纽型首末站 3 处。

规划中给水系统采用分质供水，统一供应生活用水、直饮水及中水（绿地浇灌、道路浇洒等），并建立给水管网调度中心，配备自动供水调度系统。龙子湖地区的排水体制采取雨水、污水分流制。规划建设 4 个排涝泵站。根据新区规划面积、人口，规划设置 120 座一类公厕，商业大街每 40 m，一般道路每 90 m 设一果皮箱；规划设置 40 个垃圾收集房。

龙子湖位于 B 区。湖外围主要是大学园区，拟建 11 所大学。规模最小的大学人数约

0.5万人，建筑面积12万m^2；规模最大的大学人数约1.5万人，建筑面积45万m^2，每个大学的基本参数都有详细列表。

2. 污水处理规划

龙子湖地区（包括A、B、C、D区）规划总人口35万，生活污水排放量为10.37万m^3/d。目前区域内有一座污水处理厂，处理规模为40万m^3/d，远期规模80万m^3/d，污水经二级处理后排入河道，规划区内现无污水管网。远期规划将建设三级污水处理设施，修建3条污水管网，污水全部排入污水处理厂进行处理，将处理后的水作为中水，一部分用于绿地浇灌、道路浇洒、冲洗车辆等。区内企事业单位的生活污水及工业废水，凡含有重金属、病菌等污染严重的有害物质，必须先自行处理，达到国家规定的污水排放标准后，方可排入污水管道。

3. 雨水工程规划

龙子湖B区汇水面积为830 hm^2，外围地势低洼，规划区内考虑除涝。排水系统采用直排与强排相结合的方式。为了利用雨水资源，结合道路规划，沿路设溢流管道，将内环路以内地表雨水径流排至龙子湖，内环路以外的大学园区的雨水径流不入龙子湖。区内规划两个雨水泵站，分别位于东、西两侧。西侧泵站汇水面积3.3 km^2，泵站规模3.5 m^3/s；东侧泵站汇水面积6.9 km^2，泵站规模11.4 m^3/s。

4. 水质保护目标

根据龙子湖水体的功能定位及《地表水环境质量标准》（GB3838—2002）的要求，确定湖水水质标准为地表水Ⅳ类水质。由于龙子湖位于大学园区中心，综合考虑水环境保护条件和相关工程建设的可能，龙子湖水体水质争取达到地表水三类水质标准。

5. 水生生态工程

为实现“水清、景美、生态环境健康发展”的目标，预防水环境污染，龙子湖工程规划设计了水生生态工程，内容包括湖滨生态系统（缓冲带绿地生态系统）、湿地净化系统和湖泊水生生态系统等。其中，在湖岸绿地、景观明渠和湖岛上拟布置15 hm^2的人工湿地；模拟自然的水生生态系统，根据水生植物的生长水深要求，规划设计湖滨带，种植水生植物，放养水生动物，并设立专门的生态工程管理机构。

三、未来污染源判断

运行期间的龙子湖并非一个封闭水域，其运行依靠人工调控。湖水有进有出，水体中的污染物会随水体流动流入或流出湖泊；此外，湖周边也将存在排污现象。因此，龙子湖污染源预测应在考虑通过各种途径进入或流出湖的污染物后，预测进入湖的净污染物量。

根据工程分析，龙子湖拟采用的补水方式如下：

第一，运行初期，拟抽取部分浅层地下水进行补给；

第二，远期，将主要依靠黄河水补给；

第三，考虑将内环路以内区域的雨水径流引入湖。

此外，湖面降雨也是一种补给来源。因此，通过上述几种补水方式，污染物也将随水体进入湖内。龙子湖运行期间，计划与周边大学园区的水系相连，并向这些校园提供水系的补水（单向流动，高校水系水流不流回龙子湖），因而，通过向大学园区供给的这部分补水，一部分污染物将随之流出龙子湖；此外，根据规划，龙子湖内拟建湿地工程以净化水质，净化后的水量返回龙子湖循环使用。因此，通过湿地工程减少的污染物将被计算为排出龙子湖的污染物量。

根据规划，在龙子湖 B 区内拟建 11 座大学校园，在未来 10 ~ 15 年内将完全城市化。城市化后将不可避免地给湖泊带来一些污染物质，根据对北京市区河湖的实地调查，城市化地区污染源种类繁多，来源及构成非常复杂，污染物的多少完全取决于城市基础设施的建设情况及环境综合管理的水平，具有高度的不确定性。因此，这部分排污（种类、数量）无法准确预测的事情，与其说是“预测”不如说是“评估”，评估的数据在人们认知的合理范围内就是目标。笔者根据工程分析及其现状调查，基于北京市区河湖污染源特点的调查经验和认识，对未来龙子湖地区的排污情况进行了如下的分析判断：

1. 生活污水。大学园区学生、教职工及区内其他企事业单位的生活用水，因为办公楼、教学楼、宿舍楼等永久性建筑将铺设污水收集管道，将污水排入污水处理厂，不会影响龙子湖水质。

2. 城市垃圾。主要是大学园区的日常生活、办公垃圾，一般情况下临时集中堆放在垃圾收集箱，在大雨冲刷下，会有少量进入水体。

3. 旅游污染。旅游污染包括旅客随意向湖内丢弃的垃圾，湖周餐饮、船舶等旅游服务设施排入龙子湖及雨水口的污水等。根据对大量旅游景点的观察，发现随着社会的进步，人类举止越来越文明，游客向水中随意投垃圾的现象越来越少，一般不会对水质产生大的影响；游船采用燃气的环保船，污染影响不大：主要是餐饮业的排污弃污不易控制，对水质造成一些影响。

4. 建筑施工污染。龙子湖周围规划区各种建筑物建设期间，将有大量的施工人员，会产生大量的施工污水和垃圾。这个时期又是市政管理缺乏的时期，很容易发生弃污现象。

5. 其他污染。通过大风扬尘落入湖中的污染物；环湖设置了许多公共厕所，清洁人员为了方便向水体偷偷倾倒垃圾、粪便、污水的现象在城市比较常见，主要是城市管理方面的问题；落叶、垃圾等被风吹入湖中等；此外，将来在该区域内肯定会有一些小企业，一般来说，企业偷排污水也是常见污染源。根据经验，城市水系大致有以上几种污染源，至于孰多孰少，要看城市综合管理水平。一个卫生设施完善、管理严格、街面干净、有专门执法队伍检查、有专门水质保洁人员的城市，人为污染源就少得多，反之人为污染就较严重。

四、预测阶段划分

在龙子湖运行期的不同阶段，拟采用的引水及对高校供水的方案不同，水环境保护措施也有所不同，同时龙子湖B区即将开发，其不同时期的环境特征也有所不同，污染源也会有较大的变化，因此龙子湖在运行期间的污染源预测应分阶段进行。考虑以上问题，设计单位提出了三个运行阶段，每个阶段的水量进出及水环境保护措施条件如下。

1. 阶段一

近期（2010），即运行初期。湖体的污染源预测需考虑如下因素：

（1）抽取浅层地下水作为龙子湖水源补给；

（2）龙子湖水量补给不考虑地区内的雨水利用，即龙子湖周边地区的雨水径流不入湖；

（3）高校还未建成，龙子湖不向高校水系供水；

（4）龙子湖周围已经建成湿地，利用湿地对湖水进行循环水质净化。

2. 阶段二

近期（2020），龙子湖已运行一段时间，对湖体的污染源预测需考虑如下因素：

（1）拟抽取部分浅层地下水补给龙子湖水量；

（2）湖周边区域已基本建成，水量补给考虑雨水利用，即雨水径流入湖；

（3）高校基本建成，湖泊向高校水系供水；

（4）龙子湖利用周边湿地进行循环水质净化。

3. 阶段三

远期（2030），湖泊已运行较长时间，新区已完全城市化，污染源预测需考虑如下因素：

（1）主要引黄河水补给；

（2）不再抽取浅层地下水补给湖体水量；

（3）湖体水量补给考虑龙子湖地区的雨水利用；

（4）龙子湖向高校水系供水；

（5）龙子湖内利用湿地净化水质并循环使用水资源。

各种阶段中，每年各月水量进出数据采用设计单位提供的龙子湖水资源平衡计算结果（不再罗列详细）。通过对以上三个阶段的污染源预测，可以为工程建设规划提供技术支撑，使得在长期建设过程中的水环境保护措施更科学、更合理。

五、预测方法

如前所述，运行期间的龙子湖并非一个封闭水域，受人工调控，湖水常年有流入和流出，水体中的污染物也将随各种途径流入或流出龙子湖。因此，龙子湖污染源预测，应在考虑通过各种途径进入或流出龙子湖的污染物后，预测进入龙子湖的净污染物量。

污染物进入湖泊的途径主要包括补水（近期的浅层地下水、远期的黄河水、湖面降雨、周边的雨水径流)、排污(旅游污染、建筑施工污染、人为弃污)。污染物排出湖的途径主要包括湖水渗漏、向高校供水、湿地净化(水量循环使用)。由于排出湖的污染物量取决于排出时湖水体中的污染物浓度,而龙子湖水质随受污染物排入、排出及污染物在湖体中的净化反应等的影响而不断变化,因此龙子湖污染物的进出估算实际上是一种动态模拟。

本节对龙子湖的污染物净入湖量采用如下方法计算:以龙子湖蓄满水为初始时刻,此时的污染物浓度(蓄水水质)为水体初始浓度,以月为时间单位,通过分别计算污染物排入总量和排出总量,反复迭代计算得到龙子湖每月的净污染物排入量(或排出量)。计算中,由每月初的水体污染物浓度,计算得到污染物排出量,进而得到每月的污染物净排入(或排出)量,并换算得到全湖平均浓度,作为本月末的污染物浓度,并以此作为下月初的污染物浓度,进行反复迭代计算。换算全湖平均浓度时,只计算污染物排入和排出量,不考虑污染物的降解作用,目的是了解污染物经过各种途径排入或排出龙子湖后,最终在龙子湖中是富积还是削减,即污染物排入和排出作用孰强孰弱的问题。但实际上,水体存在着一定的降解作用,由于降解作用是降低污染物浓度,相当于污染物排出,因此上述方法计算出来的湖水水质是偏保守的。

考虑到龙子湖近期和远期的运行时段不同,对近期情况(阶段一、阶段二)预测了5年内龙子湖水体污染物浓度的变化情况;对远期情况预测了10年的水质变化。因为三个阶段水环境预测的方法相同,在本书中,只将远期情况的预测结果进行说明。此外,根据现状水质评价结果,龙子湖未来引水水源及周边水系的主要污染物为BOD、COD、TN、TP、NH_3-N,因此选取此5种污染物为代表进行预测。

六、污染源预测

这里主要介绍阶段三的预测。

1. 污染物排入量

(1)黄河引水污染物

在第三阶段(远期),龙子湖主要依靠黄河水补给。根据黄河水质监测结果及长期保护目标,未来引水水质有很大的不确定性,鉴于此,对引水水质按三种情景进行了预测。

1)较优情况:黄河水环境保护措施实施较好,引水能满足地表水I类标准。

2)中等情况:黄河水质有所恶化,引水为IV类水。

3)较差情况:黄河水质恶化,引水为V类水。基于以上三种情况,分别预测了通过引水进入龙子湖的污染物量。

(2)湖面降雨污染

天然雨水中污染物含量较低。雨滴在降落过程中虽受大气中杂质的污染,但据历年监测数据天然雨水的COD为20 ~ 60 mg/L,ss<10 mg/L,因此天然雨水落地之前仅受轻微污染。例如,北京市天然雨水水质的监测结果,氨氮、总氮、总磷均为未检出,COD

含量为每升几十毫克，南京雨水中 COD 含量为 2 mg/L。参考值，龙子湖雨水水质中的 COD、BOD 按地表水 II 类标准限值考虑，NH_3-N、TN、TP 按 II 类标准限值考虑，此种取值是偏安全的。

S 市属于暖温带大陆性季风气候，降水量年内分配不均，最少的是 1 月，最多的是 7 月。降水量集中于夏季，占全年总雨量的 45% ~ 60%。多年平均降水量约 634 mm，多年平均 7 月份降水量占全年降水量的 23%，6、7、8、9 月降水量合计占全年降水量的 64%，全年降水量主要集中在 6 ~ 9 月。根据湖面面积及降雨量，计算得到龙子湖的湖面降水污染负荷。

（3）旅游污染

根据对北京市六海的污染调查，餐饮服务排放的废水是最主要的污染源，游客丢弃的垃圾等较少。由于餐厅一般邻街或邻湖，业主为节省排污费或贪图方便，往往偷偷将废水直接向雨水口或湖体倾倒，这部分排放量一般可占其排放总量的 10% ~ 20%。

据可行性研究报告的预测，工程建成后，每年预计接纳游客 100 万人次，冬季 11、12、1、2 月的游客人数相对偏少。因此，冬季 4 个月份月游客人次按 5 万考虑，其他月份人次按 10 万考虑。游客人均餐饮用水量参照《龙子湖水资源保护及运行方式研究综合报告》取 40 L/d，污水排放按用水量的 85% 计，餐饮排放废水的污染物浓度参考了相关文献，估算得到龙子湖餐饮旅游废水排放量。废水中入湖的那部分，按保守估计，取排放量的 20%，由此计算得到龙子湖入湖污染负荷（日排放量），包括各月平均值和全年平均值。

（4）其他排污

其他污染包括在大风扬尘下被吹入湖体的垃圾、树叶等腐烂产生的污染物，不可预计的突发性污染事件，环卫工人缺乏素质、偷懒而将垃圾车及抽粪车中的污染物偷偷倾倒入湖内，以及区域内部分居民直接将污水向湖体或雨水口倾倒等。由于此部分污染没有规律，排放量很大程度上取决于城市管理水平及居民的环境保护意识，难以预测。对于老城区，平房居民较多，加上城市环境管理力度不够的情况下，人为弃污量较大；对于新城区来说，由于建筑物基本为楼房，其环卫体系一般也较健全，因此人为弃污量会大大减少。根据北京市的情况及龙子湖区域的规划情况，此部分污染物量按区域内生活污水量的 0.5% 考虑，即相当于未来龙子湖 B 区规划人口 14.17 万中有 710 人左右的生活污水量排入龙子湖。根据龙子湖地区的功能区划，湖外围周边是环湖绿化带，与生活排污地区相距较远，其人为弃污地段可能主要集中在面积较小、人口较少的中心岛，弃污可能主要来自餐饮业、宾馆等服务行业。因此，弃污量不会太大，按 0.5% 考虑应该是偏保守的。

龙子湖外围的大学园区主要以生活用水为主，综合生活用水量采用 262 L/(人·d)(平均日)，日变化系数取 1.2，最高日综合生活用水量标准为 315 L/(人·d)，本区总人口 14.17 万，预测综合生活用水量为 4.5 万 t/d。污水量按用水量的 85% 计，则生活污水总量为 3.79 万 m^3/d。据此预测得到龙子湖人为弃污量。

（5）雨水径流污染

龙子湖拟利用雨水径流作为补水方式之一，此时，湖周边地区已城市化，不透水的地面面积迅速增加将使雨水径流量也随之增加，同时城市地表的污染物质也将随雨水径流流入湖而造成污染。据统计，北京和上海等城市的城区雨水径流污染占水体污染负荷的10%左右，因此雨水径流污染也是龙子湖污染源预测的重要内容。入湖的径流量包括中心岛雨水径流和环湖绿化带雨水径流，其各月径流量由设计单位经水资源平衡计算而得，确定两种雨水径流中的污染物浓度是关键。由于城市内土地利用方式及人类活动方式非常多样，受此影响，城市径流水质也是一个复杂的问题。目前为止，国内外对城市雨水径流水质问题有过一些研究，比如美国、德国、日本、法国等国家在20年前就进行了研究，这些研究成果见之于一些科技期刊上的论文。近6年来，我国的一些城市也对城市雨水径流水质进行了一些研究。比如，北京、上海、西安等，对马路径流、屋顶径流等进行了一些监测。本节对雨水径流水质的研究进行了简要归纳，并在此基础上，对龙子湖的雨水径流水质进行了预测。

造成雨水径流污染的主要原因有以下几个方面：

1）雨水在降落过程中混合了空气中的尘埃及污染物；

2）雨水在路面、屋顶、场地、绿地、沟坡等地方的淋溶及流淌冲刷过程中融合了各种尘土、杂质、垃圾、油类等污染物；

3）雨水汇集后流入路旁排水暗沟，冲刷沟道内沉积的垃圾等污染，将其挟带入河湖。

对于城市径流而言，其污染物主要有以下几类：

1）悬浮物。悬浮物来源于尘埃、交通工具产生的废弃物、大气干湿沉降、轮胎和刹车摩擦产生的物质、烟囱释放出的烟尘等，重点排放区在工业区、商业区及公路和建筑工地等。

2）耗氧物质。耗氧物质来源于生活垃圾、废污水、树叶、草及各类废弃物等。这些物质腐烂时，会消耗水体中大量的氧气。

3）细菌。一般城市径流中细菌的含量都超过公众对水要求的健康标准。径流中粪便大肠杆菌的数量要比游泳健康标准高出20 ~ 40倍。细菌主要来源于下水道溢流、宠物及城市中的野生生物等。

4）有毒污染物。有毒污染物包括重金属、杀虫剂、多氯联苯、多环芳烃等。重金属是城市径流中一种最典型的有毒污染物，其首要来源是机动车。杀虫剂、多氯联苯、多环芳烃等主要来源于草地、菜地施用农药，机动车辆排放的废气及大气的干湿沉降等。

5）营养物质。磷的化合物一般吸附在颗粒物上，氮的化学形态是可溶解的，主要来源于绿地化肥的施用。

根据目前国内外的监测成果，城市径流中的主要污染物质是COD，在不同的条件下，径流水质状况差异很大（浓度相差数百倍），我国城市径流水质比欧美国家普遍差一些。由于雨水径流污染来自分散的大面积区域，它与城市的自然状况和降雨过程密切相关，雨水径流污染也具有较大的随机性、偶然性和广泛性，污染负荷随时空变化幅度很大。

一般来说，城市雨水径流按污染程度可分为主要街道、小区场院、建筑物屋顶、绿地四种类型。

主要街道以车辆、行人为主要活动，径流污染程度最重，主要污染源是路面的沉积物、行人丢弃的垃圾、车辆排放物，还有路旁雨水沟内沉积的杂质、污物等，雨水污染物浓度与降雨量及路面污染物累积状况密切相关。影响城市路面径流污染的因素包括降雨强度、降雨量、降雨历时；人流密度、交通流量、车型构成；道路周围的土地利用及与地理环境特征相关的非道路污染源；路面清扫、维护状况等。其中，降雨强度决定着淋洗路面污染物的能量大小，降雨量决定着稀释污染物的水量，降雨历时决定着污染物在降雨期间累积于路面时间的长短；交通流量及车型构成决定着与汽车交通相关污染物的类型及排放量，并影响着与之相伴的路面磨损残留污量；与道路周围土地利用及地理环境特征相关的非道路活动决定着非道路污染源在路面的沉积状况；路面清扫的频率及效果影响着晴天时在路面累积的污染物量。

小区场院以生活污染为主，但也有车辆污染，根据实测，其污染程度比主要街道马路要低一些，主要与管理有关。

建筑物屋顶污染物是一种来自大气的沉降物，由于无法清扫，主要由雨水带走。此外，屋面防水材料析出物也是主要污染物之一。例如，过去北京市建筑物顶部许多采用沥青毡作为防水材料，老化的油毡经高温日晒，析出相当量的有机物溶入径流，造成屋面径流 COD 较高，影响屋面径流水质的还有降雨量、降雨频率、气温、日照强度等。建筑物屋顶污染物由于来源有限，从全年的平均雨水水质来看，其水质优于马路和场院。

根据实测，一般情况下草坪等绿地对雨水有净化作用，径流水质较好。

由于地表质地不同，产流量差别很大，在街道、屋顶、场院等硬化表面上，降雨开始后立即就形成径流，将污染物冲走，降雨量的绝大多数都形成径流；在平坦的草坪上，一般降雨条件下均下渗，难以产生径流，在暴雨或连续阴雨天、土壤水分达到饱和的情况下才会有径流流出，降雨量的一小部分形成径流排走。

雨水径流的水质与季节、降雨频率关系最大。在我国华北地区，每年的冬季（11 月至翌年 3 月）降雨量很少，难以形成具有冲刷力的径流，在房顶、死角、路旁排水暗沟内积累的尘土、垃圾等较多。当夏季来临时，第一场较强的降雨径流冲走了长期积累的污染物，因而水质最差。在降雨频率高、降雨量大的夏季（6 ~ 8 月），径流水质较好。

据北京市对路面水质的监测，在一个完整的降雨过程中，最初的几毫米降雨形成的径流中挟带了此场雨径流的 COD 总量的大部分，污染物含量是整个径流过程中最高的，随后浓度将逐渐降低并趋于稳定值。如果这场降雨距上一次降雨时间间隔较长，则本次降雨径流水质较差。

城市雨水径流污染物浓度。根据实测结果，主要街道、小区场院、建筑物屋顶、绿地 4 种类型的土地产生的径流，其水质状况差别较大。天然雨水的 COD 为 43 mg/L，沥青屋顶雨水 COD 为 328 mg/L，瓦屋顶雨水 COD 为 123 mg/L，马路 COD 为 582 mg/L。此数据为北京建筑大学所测，选点处的污染状况是否有代表性，并没有说明。另外，还收集到了清华大学一篇关于北京城市雨水径流利用的论文，里面较为简要地论述了北京雨水径流水质的情况，天然雨水、屋面径流、草地径流的水质能达到Ⅰ～Ⅱ类水（GB3838—83）的标准，只是马路水质较差。显然，清华大学的论述和北京建筑大学的监测有天壤之别，一个非常好，一个则特别差，二者的不同说明了在不同采样背景条件下的巨大差别。但是，清华大学的文章并没有说明数据来自何处，以及是在什么条件下测的。

龙子湖的雨水径流污染物浓度取值。如前所述，国内外有关城市径流的水质监测数据差别很大，特别是国内的数据，只在个别地点监测了少数几场雨。因此，在径流污染物浓度的取值上，不能简单地取用哪家的数据，而是根据总体情况进行分析判断，确定一个比较合理的数据作为龙子湖地区的预测。

显然，国内城市地表状况、年均降水量、大气质量等各方面与北京、西安更接近，因此在确定数据时，以北京、西安的数据为基础，适当考虑国外的数据，选取一个略偏保守的值，这样比较有利于湖泊水质保护措施的设计。丰水期径流中的污染物浓度取值适当降低。

2. 污染物排出

污染物将通过渗漏、湿地净化、向高校供水三种途径排出湖。

（1）渗漏

通过渗漏排出龙子湖的污染物量可由以下公式计算：湖体污染物浓度 × 渗漏水量。渗漏水量为龙子湖水资源平衡计算提供的数据。

（2）湿地净化

根据规划，龙子湖水域内将建设湿地工程，净化循环使用水资源。参考龙子湖工程可行性研究报告的水生生态系统设计研究专题的研究结果，工程拟采用的湿地处理工艺对BOD、COD、TN、NH_3-N、TP 的祛除率分别可达 70%、70%、50%、50%、75%。由于湿地净化的水量将返还湖体循环使用，因此通过湿地净化排出龙子湖的污染物量可由以下公式计算：湖体污染物浓度 × 净化水量 × 祛除率。人工湿地的净化水量为龙子湖水资源平衡计算提供的数据。据此，预测得到龙子湖人工湿地净化的污染物量，此部分为排出龙子湖的污染物量。

（3）向高校供水

龙子湖运行期间，向周边的高校水系供水。由于供水为单向流动，高校水系水流不流回龙子湖，因此随着部分供水流出龙子湖的污染物为排出龙子湖的污染物量。通过向高校供水排出的污染物量由以下公式计算：湖体污染物浓度 × 供水量。供水量为可研究设计中水资源平衡计算提供的数据。

第四节　水体流动及水质演变的数值模拟

本章第三节的污染源预测中对龙子湖的水质演变进行了迭代计算，计算的数据是全湖的平均值。但由于龙子湖是由七大片水域组成的，实际上水质参数在不同的水域及不同的时刻有相当大的差别。此外，湖内水体是流动的，流速分布在不同的地点差别也很大，一句话，就是各参数在湖内空间和时间上是有分布的。在湖泊设计中，为了进行工程布局及引水量配置的优化，有必要了解各参数的时空动态分布。要解决这个问题，就必须利用数值模拟手段。数值模拟是一项专门技术，属于流体力学或水力学专业，用于模拟水环境问题的又称“环境水力学”。数值模拟也有很多方法和模式，要根据不同的研究对象采用不同的方法。

在龙子湖的设计中，笔者应用了数值模拟手段对湖内的流速、引水布置方案、水质演变等进行了模拟预测，在此选出一部分内容进行介绍。

一、数学模型及计算方法

1. 数学模型

数学模型及计算方法的种类繁多，要根据具体研究对象选取合适的模型和方法。龙子湖水深较浅（最大水深约为 3 m，平均水深不足 2 m），平面尺度远远大于水深，其水流运动采用垂向平均的二维不定常浅水环流方程组描述最适宜。

2. 计算方法

将计算水域分割成大量正方形计算网格，每一个网格称为一个单元。网格中心称为节点，网格边框称为通道。在节点处计算水位、物质浓度；在通道处计算流速、流量。求解动量方程时对流项使用迎风格式，扩散项采用中心差分格式；对连续方程与物质输运方程都采取控制体积法进行计算。考虑到龙子湖水域的形态特点及尺度，考虑到数值计算技术的特点及计算时间等问题，采用均匀正方形网格将整个龙子湖覆盖，网格尺寸为 20 m × 20 m。

计算目的及内容：

（1）计算研究龙子湖两个引水口与一个出水口之间两条流路的分流比，探讨其规律性；

（2）优化流量分配方案，使流态及水体置换均衡，有利于保护水质；

（3）在水量引入时，计算湖泊流速分布及水体置换率分布情况；

（4）计算分析风对湖内流态的影响；

（5）优化引水流量在季节上的合理分配，在水资源供给总量一定的情况下，合理分配引水流量在季节上的变化，以利于抑制富营养化的发生；

（6）计算预测水质分布情况，预测水质分布及变化；

（7）计算预测水域富营养化情况；

（8）计算研究水体最大允许污染负荷，为水环境保护提供依据。

二、进出水口布置、引水流量、计算分区及设计参数

1. 进、出水口布置方案

设计方案中拟设两处引水口、一处退水口，引水口上游与输水渠道相连，从黄河引水。通过调节两个引水口的流量，可以使湖内水体置换速率更均衡，防止出现大面积死水区，在夏季有利于及时更换水体，控制富营养化的发生。

2. 引水流量

计算时，作为输入条件之一，需要给定一个适宜的引水流量。龙子湖在正常水位下的容积为 260 万 m^3，根据这一容积，如果引水流量太小则水体更替时间很长、更换效率低，不利于水质控制；如果流量太大，则引水工程投资大，造成浪费。研究者根据经验认为流量控制在 1.5 ~ 2.5 m^3/s 范围内是比较适宜的，计算中主要以 2.5 m^3/s 为主。引水量 1 倍水体（简称一个周期）所用的时间约为 12 天。根据规划，龙子湖全年用水指标限制在 6 倍水体，也就是说全年可以进行 6 个引水周期。

3. 计算分区及设计参数

龙子湖形态成环状布置，若干开阔水面由“细口”连成一串，水流从入口至出口分为东、西两条流路。根据这种特点，计算中将湖区划分为 7 个区域，在每个“细口”处设 1 个控制断面（共 7 个）。

对于一个湖泊设计方案，一些参数（如面积、体积）非常重要，由于形态十分复杂，用普通方法估算出来误差很大（达 20% ~ 30%），用计算程序能快速、精确地计算出来（误差在 5% 以内）。

三、计算工况设计

本项计算中变动因子很多，主要有引水总流量、东西两个引水口流量比、引水口开启时间等，每个因子都有无限多的选择，这些都是计算输入参数，盲目计算会劳而无功。因此，需要组合起有限个合理的参数组合，作为计算分析的对象，每一个组合称为一个“工况”，在此基础上，才能分析出合理的方案。根据本研究的目的，对于流场及水体置换率（以后说明）问题，在进行了大量摸索性计算的基础上进行了认真分析，最后确定了 3 个工况（Ⅰ、Ⅱ、Ⅲ）、11 个组合，作为研究工作展开的线索。

1. 工况Ⅰ（1 ~ 4）

工况Ⅰ下分为4个组合，表示了东、西两个入水口单独引水流量分别为2.5 m^3/s、1.5 m^3/s 时的情况。进行该项计算的目的是搞清楚湖泊流动及水流置换率的基本情况，对湖泊的水

流基本特性进行了解，为以后的计算研究任务奠定基础。

2. 工况Ⅱ（1 ~ 3）

工况Ⅱ下分为3个组合，在引水总流量不变、两个入水口同时引水的条件下，按两口流量不同的分配比例进行计算。计算目的主要是研究水流置换率均衡情况，优化水量比例分配方案，并发现问题，为下一步配水过程的优化奠定基础。

3. 工况Ⅲ（1 ~ 4）

工况Ⅲ下分为4个组合，在两个入水口流量采用上述优化分配比例的前提下，按入水口启动的先后顺序进行组合。计算目的是优化配水过程，确定引水方案。

四、水体置换率计算

在设计中设想了这么一种情况，就是湖泊中的水已经变差，比如发生了严重的富营养化，需要引入清水把原来的旧水排走，而且由于水资源使用总量给予了限制，一次换水的量只能是湖泊容积的一倍。因为水流是要发生混合的，在相当大的水域内，新水旧水混在一起，不同的方案会使旧水排走的量不同。要想从这个角度优化设计方案，必须进行数值模拟，进行结果比较后方可得出优劣。

为了数值模拟水体交换现象，引入“置换率”的概念。考虑一个水域（整个湖泊、部分水域或一个计算网格），当引水时，在对流扩散作用下，新旧水体发生混合，一部分新水流入这个水域，部分旧水（原来存在于该水域的水）则流出这个水域，在某一个时刻，新水会占有一定的比率，这个比率定义为置换率。假定旧水含有一种污染物，浓度为1(是一个虚拟量，可以想象为是盐度)，新水浓度为0。初始时刻龙子湖均为旧水（盐度为1），外部引水均为新水（盐度为0）。数值模拟水体交换过程，会计算出浓度分布场，这个“浓度”数值就是旧水所占的比例，1减去这个数值就是“置换率”。目前这个概念尚无学术上的严格定义，但这个方法用于工程方案优化则是没问题的。以上这种模拟水体交换的计算方法已在工程中应用得较多。另外，计算出的“浓度”实际上是一个比例，是一个无量纲的数据，与新水、旧水的浓度给定值大小无关，这点已在类似工程的计算中得到验证。

五、龙子湖水质演化计算

基于上文的污染源调查及预测结果，选取高锰酸盐指数作为有机污染物的代表，对龙子湖水质演化进行计算模拟。

1. 水质演化预测内容

污染物进入湖体后，会发生一系列的物理、化学、生物变化，其变化过程受限于湖体自身的运行特性。湖体的引水量、东西引水口的流量分配、引水时间、频率等将影响湖体流场，从而影响污染物浓度在时间和空间上的分布。此外，易降解污染物（如COD），在水体中可发生生物自净作用，因此水体滞留时间也决定了湖体中污染物的浓度。

前面从水体置换的角度，选择了能够维持最佳水流循环运动，实现水体高效置换的合理的、经济的引水方案，确定了东西两个引水口最佳引水量及流量分配。从防止湖体发生富营养化的角度，确定了湖体引水在季节安排上的优化方案。在上述选定的引水方案下，水体中的污染物在时间、空间上怎样变化？湖体运行一定时间后的水质状况如何？掌握这些规律是实施湖体水环境保护工作的基础和依据。只有对湖体运行方式下的水质变化做定量化预测分析，才能有针对性地提出水污染控制对策，采取有效措施，保护湖体水质。

水质预测分析内容包括：

（1）在优化的引水方式下，污染物在龙子湖水域的空间分布。

（2）完成一次集中换水后，水质的前后变化情况。

（3）污染物在长时间内的变化规律。确定长周期内污染物浓度变化过程，找出周期内污染物浓度达到极值的时间。由于湖区引水方案以年为周期，污染物随时间的变化周期。也以年考虑。

2. 预测因子

龙子湖引水水质采用黄河水质，由于黄河水体污染属有机污染，此外，龙子湖作为城市湖泊水体，其污染源也具备城市水体环境特点，以有机污染为主，因此选取高锰酸盐指数作为龙子湖的水质预测评价因子比较适宜。

3. 计算参数选取

（1）初始浓度

根据规划区的水体功能区划要求，龙子湖的水质目标达到Ⅳ类（《地表水环境质量标准》GB3838—2002）。因此，在计算预测中，给定一个不利的初始条件，湖体中预测因子高锰酸盐指数的初始浓度取为Ⅳ类水质标准的限值 10 mg/L。在换水过程中，经过一段时间的演变，如果浓度下降，说明湖体具有自净能力，能维持水质目标，如果浓度上升，说明水质有累积恶化现象。

（2）高锰酸盐指数的降解系数

K 为高锰酸盐指数的降解系数。K 值受水流条件和温度条件的影响，变幅较大，必须利用当地水文水质监测数据进行验证。由于龙子湖水系处于规划中，无实测数据，因此参考有关水库方面关于COD降解研究，按较不利条件考虑，K在20℃时的值取为0.004（1/d）。

4. 一次集中引水对水质的改善效果分析

效果分析的代表时期选用夏季第一次集中引水期，为 6 月 11 日 ~ 6 月 25 日，周期 15 天，东口先单独引水 3 天（流量 1.67 m^3/s），然后东、西口同时引水 9 天（流量分别为 1.67 m^3/s 和 0.83 m^3/s），接着东口关闭、西口继续引水 3 天（流量为 0.83 m^3/s 至结束。

（1）高锰酸盐指数浓度随时间的变化

就全湖平均值来看，高锰酸盐指数的变化过程表现出下降规律。在引水期内的前 12 天，高锰酸盐指数下降较快，其值从 10 mg/L 降至 6.49 mg/L，下降了 3.51 mg/L，下降幅度达 35%，水质接近Ⅱ类标准值（6 mg/L）。此后 3 天，高锰酸盐指数下降速度变缓，在引水第 15 天，即集中引水结束时，高锰酸盐指数从 6.49 mg/L 降至 6.28 mg/L，只下降了 0.21 mg/L。

从各区高锰酸盐指数的变化规律来看，可分为 3 种类型。

1）1 区型

在整个引水期内，高锰酸盐指数随引水时间的变化过程可分为两个阶段。第一阶段，在引水初期，高锰酸盐指数迅速下降，由初始的 10 mg/L 降至 6.2 mg/L 左右（低于全湖平均值），下降幅度达 38%，下降时间持续 6 天；第二阶段，高锰酸盐指数下降速度减缓，并逐渐维持在恒定值 6.0 mg/L 左右（满足Ⅱ类水质要求）。

2）2、3、4、7 区型

高锰酸盐指数随引水时间的变化过程可分为三个阶段。在引水初期，高锰酸盐指数基本不发生变化；至引水的第 1 ~ 3 天，高锰酸盐指数开始迅速下降，下降时间为 9 ~ 11 天，浓度值可降至 6.1 ~ 6.2 mg/L；此后（引水期的后 5 天），高锰酸盐指数基本维持在 6.0 ~ 6.1 mg/L（低于全湖平均值）。

3）5、6 区型

高锰酸盐指数随引水时间的变化趋势与 2、3、4、7 区型相似，也可分为三个阶段。但是，高锰酸盐指数开始迅速下降的时间推迟，发生在集中引水的第 6 天，迅速下降段维持在第 6 ~ 12 天，浓度值可降至 6.8 ~ 7.2 mg/L；在引水第 12 天以后，下降幅度减缓，并以小幅下降的趋势一直维持至第 15 天引水结束，仍未出现持平现象，浓度值最终降至 6.5 ~ 6.7 mg/L。在整个引水期，此两区的高锰酸盐指数始终高于全湖平均值，并且在 7 个区中，浓度值最高。

上述规律表明，各区高锰酸盐指数随引水时间的变化曲线和分区与引水口的距离密切相关。由于各区与引水口的距离不同，引水水流到达各区需要的时间不同，因此湖体各区高锰酸盐指数出现迅速下降的时间也各异。1、2 区靠近引水口，在引水初期，便受到引水稀释的影响，发生水体置换，高锰酸盐指数迅速下降；其他分区距离引水口越远，水流推进到达的时间越长，高锰酸盐指数下降的时间越晚。其中，对距离最远的 5、6 区，在引水第 6 天，高锰酸盐指数才开始迅速下降。

由于各区高锰酸盐指数开始下降的时间先后出现，导致了各区下降达持平的时间也因与引水口的距离而依次推迟。对 1 区，引水第 6 天以后，高锰酸盐指数基本维持不变；2、3、4、7 区，在引水第 12 天以后，高锰酸盐指数基本维持恒定值；而靠近出水口的 5、6 区，在引水第 12 天以后，高锰酸盐指数下降幅度减缓，并以小幅下降的趋势一直维持至第 15 天引水结束，仍未出现持平现象。

以上变化规律是湖体中 COD 的生物降解与水体置换两方面共同作用的结果。前者是湖体自身的净化机制，COD 通过水体中的微生物（尤其是细菌），发生生物降解，高锰酸盐指数下降。后者则是通过外部引水，使水体发生置换，将外来的清洁水稀释原湖体中较差的水，使污染物浓度降低。内因和外因的综合作用，使得湖体中高锰酸盐指数下降，但在不同的引水时段、不同的湖体分区，两种作用占据的地位不同。

对 1 区，由于靠近东引水口，从开始引水至整个引水期，水体置换作用都占据着主导地位，并且置换作用对高锰酸盐指数的降低效果非常显著。在引水初期，清洁水稀释原有湖水，使浓度值大幅度降低，直到降至接近引水浓度，此后湖体不断被新水置换，使浓度值维持在引水浓度水平。对 2、3、4、7 区，在引水的前 1 ~ 3 天，由于引入的水流还未到达，水体基本上仍为原来湖水，此时湖体中主要发生生物降解作用，且降解作用对高锰酸盐指数的削减并不显著；当引水 1 ~ 3 天后，新引入的清洁水推进到 2、3、4、7 区，并开始发生强烈的置换作用，高锰酸盐指数迅速降低，此时，水体置换占据主导地位。5 区和 6 区由于距离引水口更远，引水到达的时间更晚，因此水体的置换作用使高锰酸盐指数迅速下降的时间更晚。

由以上分析可见，湖内的水质参数有很强的动态特性，了解这些对湖泊设计是很有意义的。

（2）换水效果分析

一次集中引水前后，各区的高锰酸盐指数及全湖平均值的变化情况。在进行完一次集中引水后，水体中的高锰酸盐指数大幅度降低，其浓度值（全湖平均值）由初始的 10.0 mg/L 降为 6.28 mg/L，即由 IV 类水质限值（10 mg/L）降到接近 II 类水质限值（6 mg/L），下降幅度为 37.2%。可见，一次集中引水能有效地实现湖体中高锰酸盐指数的净化，只要入流水质满足水质要求，集中换水可以有效保护龙子湖水质，使其满足保护目标。

从各区的高锰酸盐指数变化情况来看，1、2、3、4、7 区，在完成一次集中引水后，水体高锰酸盐指数均低于全湖平均值 6.28 mg/L，各区下降幅度均高于全湖平均值。其中，以 1 区、7 区的下降幅度最大，为 40.1%，其次为 2 区、3 区和 4 区，下降幅度分别为 39.5%、39.0% 和 39.0%。全湖以 5 区、6 区的高锰酸盐指数最高，分别为 6.72 mg/L 和 6.54 mg/L，高于全湖平均值，其下降幅度分别为 32.8% 和 34.6%，低于全湖平均值。这说明，水质参数在空间上表现出明显的区别。

5. 水质（高锰酸盐指数）年内演化规律计算

水质演化规律计算基于优化选定的引水方式进行，湖体全年引水流量分配如下：1、2、12 月为冬季停水期，湖体停止引水；3 月初 ~ 11 月底为春秋季节的基流引水期，引水流量为 0.4 m^3/s。6、7、8 月分别进行 3 次集中引水，每次引水时间为 15 天，引水流量为 2.5 m^3/s。3 次集中式引水时间分别为 6 月 11 ~ 25 日、7 月 8 ~ 22 日、8 月 4 ~ 28 日。每次集中引水期，东口引水流量为总引水流量的 2/3，即 1.67 m^3/s，西口引水流量为总引水流量的 1/3，即 0.83 m^3/s。东口先引水 12 天，在东口运行 3 天后，再开放西口，运行 12 天，即东口先引水 3 天，第 4 天开西口，此后东西两引水口共同运行 9 天，第 13 天关闭东口，西口再单独引水 3 天。

（1）全湖平均值的年内演化

从全湖平均值来看，在 9 个月的引水期内，高锰酸盐指数随时间的变化非常明显，其变化可分为三个阶段：3 月初至第一次集中引水（6 月 11 日）前的基流引水期，湖体高锰酸盐指数迅速下降，浓度值从 10 mg/L 降至 6.18 mg/L，下降了 3.82 mg/L，接近引水浓度；第一次集中引水（6 月 11 日）至第三次集中引水结束（8 月 28 日）的集中引水期，高锰酸盐指数随集中引水时段在 6 mg/L 左右小幅度上下波动，8 月底至 11 月底的基流引水期，高锰酸盐指数先缓慢下降，后略有回升，浓度值最终达到 5.77 mg/L，满足 I 类水质要求（6 mg/L）。在停水期（12 月、1 月、2 月），由于水体滞留，受生物降解作用，高锰酸盐指数将继续降低，因此在选定的引水方式下，湖体运行一年后高锰酸盐指数可从 10 mg/L 降至 6 mg/L 以下，水质类别从Ⅳ类转为Ⅱ类，水质得到较为显著的改善。

（2）各区的水质演化曲线比较

各区的变化曲线在总体上与平均值基本一致，均呈下降趋势，但也表现出部分差异，反映了各区空间分布（距离引水口远近）对水质演化的影响，其影响表现在两方面：曲线形状；曲线基本出现持平（伴有小幅波动）的时间。

对于 7 个分区，变化曲线可分为 3 种类型。

1）1、2 区型

高锰酸盐指数的变化呈先下降后持平的两段式。从 3 月初刚开始引水（基流期），水域由于清洁水的稀释作用，高锰酸盐指数开始急剧下降，至 4 月底，已降至 6.15 mg/L，接近引水浓度。此后，高锰酸盐指数下降缓慢，并逐渐维持在 6 mg/L，此阶段，水体已基本完全置换，生物降解作用开始占主导地位。其间，由于水体浓度已降至引水浓度以下，当进行集中引水时，水体高锰酸盐指数会出现小幅度增加。

2）3、7 区型

在引水期的最初 8 天，高锰酸盐指数略有增加（最高增至 10.03 mg/L），这主要是由于在基流期，引水还未推进到远处，水体蒸发下渗及外来污染源汇入导致高锰酸盐指数增加的趋势要略强于水体自身的生物降解作用；此后，水体中的高锰酸盐指数开始急剧下降（引水进入，开始发生水体置换），至 5 月底，高锰酸盐指数降至 6.0 mg/L；5 月底至 8 月底，高锰酸盐指数随集中引水时段上下波动，但最终，浓度值有所下降，这主要是由于生物降解作用使水体高锰酸盐指数已降至引水浓度以下，当进行集中引水时，因水体置换，浓度值会出现小幅增加，此后降解使其降低，最终生物降解作用会导致浓度值有所下降，降至 5.8 mg/L 左右，满足 I 类水质要求；8 月底以后，出现缓慢的小幅度回升（可能是水体蒸发下渗及外来污染源汇入、引水置换等综合导致高锰酸盐指数增加的趋势要略强于水体自身的生物降解作用），并最终接近 6 mg/L，两区的浓度值均要高于全湖平均值。

3）4、5、6 区型

曲线形状与分区 3、7 型类似，且引水初期高锰酸盐指数略有增加的持续时间较长；4 区持续至 3 月 18 日，浓度值最高增加至 10.03 mg/L；5 区持续至 4 月 4 日，浓度值最高增加至 10.06 mg/L；6 区持续至 3 月 22 日，浓度值增至 10.04 mg/L。在小幅回升阶段，此三区的高锰酸盐指数的上升幅度要低于全湖平均值。

从曲线出现基本持平的日期来看，分区与引水口的距离越远，时间依次推迟。1 区和 2 区的持平时间出现在 3 月底，即基流期；3、7 区的持平时间出现在 5 月底，也处于基流期；而 4、5、6 区的持平时间均出现在第一次集中引水结束时（6 月 25 日），换言之，一次集中引水可加剧水体高锰酸盐指数的下降，使其出现持平的时间提前。此外，还对龙子湖各月的 CODcr 平均最大允许日污染负荷（W）进行了计算。

（3）水质演化计算的小结

在选定的优化引水方式下，模拟预测了龙子湖集中引水对水质（选取高锰酸盐指数为代表因子）的改善效果，模拟了在长时间内（湖体运行一年）的水质演化规律，得出的主要结论如下：

1）一次集中引水对水质具有明显的改善作用，15 天的引水，可使高锰酸盐指数由Ⅳ类水（10 mg/L）降到接近Ⅱ类水（6 mg/L）。

2）高锰酸盐指数的降低来自湖体自身生物降解与外部引水置换稀释双方面的共同作用。外部引水置换稀释的效果较水体生物降解作用更显著。湖体各区高锰酸盐指数迅速下降的时间均发生在水体发生强烈置换的时段。

3）一次集中引水期的第 1 ~ 12 天，是全湖高锰酸盐指数大幅度下降的时段，此后的 3 天内，湖体高锰酸盐指数缓慢下降，并逐渐趋于恒定。

4）距离引水口的远近不同，导致了完成一次集中引水后全湖各区高锰酸盐指数的空间分布差异。其中 1、2、3、4、7 区，水体置换率较高，水质改善效果较显著，高锰酸盐指数下降幅度高于全湖平均值，尤其以 1、7 区最高；5、6 区的置换率最低，因此换水效果最低，高锰酸盐指数下降幅度低于全湖平均值。

5）湖体运行一年后，高锰酸盐指数可从 10 mg/L 降至 6 mg/L 以下，水质类别从Ⅳ类转为Ⅰ类，水质得到显著改善。

6）在年变化曲线的急剧下降段（6 月以前），由于 4、5、6 区的水体置换率低，高锰酸钾指数下降幅度较小，在 6 月初进行一次集中引水，可明显改善上述水域的水质，使其浓度迅速降低，从而遏制夏季湖体水质恶化。

7）各区年变化曲线中的持平段，又表现出小幅波动。在集中引水期，伴随集中引水，高锰酸钾指数先上升后下降；在基流期，浓度值略有回升，此阶段水体置换已不再具有改善水质的作用，高锰酸钾指数变化是水体置换、生物降解、外来污染源、蒸发下渗等综合作用的结果。其中，只有生物降解起到降低浓度的效果。由于 4、5、6 区的水体置换率较低，因此生物降解作用相对较强，浓度值回升幅度小。

8）预测得到龙子湖各月的 CODcr 平均最大允许日污染负荷。其中最高值出现在 8 月，约为 449.2 kg/d；最低值出现在 2 月，约为 151.6 kg/d；全年允许污染负荷总量约为 103.42 t。

9）总体来看，在保证黄河引水水质、保证截污、保证替换水量、保证按优化方案进行引水的前提下，在自净能力及换水的双重作用下，龙子湖的水质能长期保证满足既定的水质保护目标（Ⅱ类水），不存在累积恶化的现象。

10）即使在某些时刻发生了较为严重的污染，某些时段出现了水质超标的现象，在以上条件下，龙子湖也有恢复水质目标的能力。

六、基于防止水环境恶化的引水量季节调配

龙子湖既然常年引黄河水作为补给，而且一年中引用的总量是受到限制的，那么，在设计及数值模拟时必须考虑的一个问题就是，引水量在年内如何分配才对防止湖泊水质恶化最有利？如何引才合理？这个问题需要在对湖泊水质随季节变化规律有深刻认识的基础上才能正确解决。这也是以后进行研究的一个基础。

根据对北京市区“六海”、筒子河、水碓湖的调查监测结果，水体的富营养化现象与年内自然水温的季节变化关系密切。夏季，水温也较高，藻类生长旺盛并且大量繁殖，致使水体富营养化严重，水体水质较差。自然水温为26℃～27℃，是水体发生富营养化的限值。在总磷浓度达到发生富营养化标准的条件下，夏季当自然水温达到或超过限值时，有可能暴发严重富营养化；水温达不到26℃时，一般不会发生严重的富营养化现象；夏季过后，当自然水温降低到25℃以下时，原来发生过富营养化的水体，其富营养化现象开始发生明显衰退。6、7、8月三个月是北京地区富营养化暴发的时期，而其他季节未发现富营养化现象。这个现象在华北广大的地区都是非常接近的。龙子湖位于华北，水温的季节变化状况与北京相近，因此可参考北京的情况优化水资源调配方案。

为防止6、7、8月湖体水环境恶化，优化调配方案主要从以下几方面考虑：

1. 考虑到湖体水面蒸发及底部下渗，水体有一定的消耗，同时，为防止污染物在湖体内富集导致水质恶化，湖体需维持一定的引水量，一部分补充水体损失量，一部分进行水体置换。

2.12月初至翌年3月初为冬季寒冷期，可停止引水。

3. 在春季、秋季，气温较低，中原、华北地区的水体不会发生富营养化，引水流量可以维持一个适当的流量（基流）。

4. 夏季（6、7、8月份）是富营养化易发期，应在此3个月份进行几次集中引水，通过换水将营养物质带出，减少营养物质在湖内的积累，控制水环境恶化。

各期间的引水量及引水方式说明如下：

1. 冬季（12、1、2月）为停水期。该期间水面结冰，水量损失很小。根据北京市“六海”的经验，经过一个冬季的停水后，水位一般下降0.3 ～ 0.5 m，符合一般水域“冬消夏涨”的自然规律。

2.3月初至11月底维持基流引水，引水流量为0.4 m³/s，该期间水面蒸发耗散量较大，龙子湖与北京市中“六海”面积相同，根据“六海”经验，需要约0.1 m³/s的补给流量才

能维持水面不下降，其余 0.3 m³/s 的流量从排放口排出，起到更换水体的作用。3 ~ 5 月份，及 9 ~ 11 月气温较低，水体不会发生富营养化。因此，只需要提供一个较小的维持流量即可，这样可以节约宝贵的水资源。根据实际情况，引水基流还可以减小（建议不低于 0.2 m³/s）。

3. 在夏季（6、7、8 月），除了维持以上基本流量以外，考虑进行 3 次集中引水，每次引水时间为 15 天，引水流量为 2.5 m³/s，即在基流引水流量的基础上，流量再增加 2.1 m³/s，两次集中引水期的间隔时间为 12 天。三次集中式引水时间初步设定在 6 月 11 ~ 25 日、7 月 8 ~ 22 日、8 月 14 ~ 28 日。

根据前面计算选定的优化引水方案，一次集中引水过程如下：东口引水流量为总引水流量的 2/3，即 1.67 m³/s，西口引水流量为总引水流量的 1/3，即 0.83 m³/s。东口先引水 12 天，在东口运行 3 天后，再开放西口，运行 12 天，即东口先引水 3 天，第 4 天开西口，此后东西两引水口共同运行 9 天，第 13 天关闭东口，西口再单独引水 3 天。夏季集中引水的目的是加快水体的置换，防止发生富营养化。

七、湖体总磷浓度及富营养化趋势预测

1. 一次集中引水过程中湖体总磷浓度的变化

湖体总磷浓度给定一个不利的初始值，数值模拟了湖水总磷浓度在一次集中引水过程中的变化情况，目的在于了解一次集中引水对总磷浓度的稀释效果。

（1）总磷浓度的计算初始值及入流值

给定龙子湖全湖总磷浓度值 0.05 mg/L 作为计算的初始条件，这个数值介于中度营养和富营养之间，是人为选择的一种不利的临界情况。

集中引水效果预测分析的代表时期选用夏季第一次集中引水期 6 月 11 ~ 25 日，周期为 15 天，引水方式为选定的优化方式，即东口先单独引水 3 天（流量 1.67 m³/s），然后东、西口同时引水 9 天（流量分别为 1.67 m³/s、0.83 m³/s），最后西口单独引水 3 天（流量为 0.83 m³/s）。

一次集中引水过程结束后，如果湖泊总磷浓度下降，说明引水可有效地抑制富营养化的发生，如果总磷浓度不变或上升，则说明集中引水不能抑制富营养化。

（2）总磷浓度随时间的变化

在整个引水期内，总磷的全湖平均值随引水时间的变化呈下降趋势。下降过程分为两段：在集中引水期的第 1 ~ 12 天，总磷浓度下降速度较大；在第 13 ~ 15 天，下降速度减缓，并逐渐持平。从各分区来看，由于各区距离引水口的远近不同，引水水流到达分区的时间先后不一，导致各区总磷浓度值随引水时间的变化规律不同。按其规律特点可分为以下 3 类区域。

1)1、2 区

总磷浓度随引水时间的变化过程可分为两个阶段：第一阶段，在引水期的第 1 天至第

6 ~ 9 天，总磷浓度低于全湖平均值，下降幅度较大；第二阶段，后 6 ~ 9 天，浓度下降速度减缓，并逐渐维持在恒定值。这是因为第 1、第 2 两个湖区位于引水口处，引水开始后，首先接纳来水，总磷浓度直接得到稀释，因此浓度比其他湖区下降得早而快。可见，集中引水对 1、2 两个湖区的富营养化抑制效果最明显。

2)3、4、7 区

这 3 个湖区总磷浓度随引水时间的变化过程可分为三个阶段。在引水初期的第 2 ~ 4 天，总磷浓度不发生变化；2 ~ 4 天后，总磷浓度开始迅速下降，下降持续到第 12 天；此后（引水期的后 3 天），总磷浓度基本维持在 0.034 ~ 0.035 mg/L，低于全湖平均值。

这 3 个湖区距离引水口比 1、2 区远，比 5、6 区近，因此在引水过程中作为“第二梯队”接纳来水，浓度衰减比 1、2 区滞后，比 5、6 区早。

3)5、6 区

总磷浓度随引水时间的变化趋势与分区 3、4、7 型相似，也可分为三个阶段。但总磷浓度维持在初始值的时段延长，至集中引水的第 6 天，总磷浓度才开始下降，至引水第 12 天，浓度值降至 0.038 ~ 0.039 mg/L；在第 12 天以后，总磷浓度下降幅度减缓，并以小幅下降的趋势一直维持至第 15 天引水结束。

与 1、2 区相比，5、6 区浓度值开始下降的时间滞后大约一周，下降的速度也较为缓慢；在引水结束后 5、6 区的浓度值依然略高于 1、2 区。这些都是距离引水口远造成的。

4）小结

可见，湖体总磷浓度下降的快慢及其最终下降幅度，与湖区和引水口之间的距离密切相关。靠近引水口的湖区，水体首先接纳来水，因受稀释作用，总磷浓度下降早、速度快、幅度大。距离引水口越远，水体接纳引水的时间越晚，总磷浓度下降滞后、速度偏慢，最终下降幅度也偏低。

对 7 个分区的总磷下降幅度进行排序，可得到：分区 3> 分区 1> 分区 7> 分区 2> 分区 4(> 全湖平均)> 分区 6> 分区 5。

2. 湖体总磷浓度年内演化规律及富营养化趋势

水体富营养化是一个缓慢渐变的过程，绝大多数水体富营养化是外界输入营养物质在水体中不断富集造成的。磷元素流入湖泊以后，持久性较强，大部分溶于水体中，少部分沉淀于底部，一部分会被动植物吸收。由于湖泊水面蒸发，水量持续减少，而磷元素却不能随水分蒸发掉（与盐相似），因而发生浓缩作用，磷浓度会逐渐增大。这个浓缩过程虽然十分缓慢，但如果没有水体的交换，长期（比如几年或十几年）持续下去终会达到富营养化的程度。因此，富营养化现象的发生与否与水体中营养物质的长时间演化规律有密切关系。

本研究中给定了一个不利的初始条件，考虑水面蒸发的浓缩作用，在选定的引水方式下，计算模拟了湖体总磷浓度年内演化规律。计算目的在于了解水体是否会发生长期浓缩现象，在运行一年以后，如果总磷浓度比初始值增加，说明水质存在累积恶化现象，如果终点浓度低于初始浓度，说明水质不会累积恶化。

（1）计算条件

计算的初始时刻为 3 月 1 日，龙子湖总磷浓度值给定为 0.05 mg/L，作为计算的初始浓度，这个数值介于中度营养和富营养之间，是选定的一种不利的临界浓度。

区域蒸发量约为 1 300 mm，多年平均降雨量约为 600 mm，净损失量约为 700 mm。在此不考虑降雨量因素，只考虑蒸发。由于冬季（12、1、2 月）水面结冰，蒸发量很小，不予考虑，其余 9 个月内蒸发量按日均 5 mm 计算，这样年蒸发量为 1 350 mm，是一种偏于不利的条件。

以前述一年期的引水方式作为引水输入条件。引水时间为 9 个月，夏季含有 3 次集中引水，一次集中引水的方式是前述优化方式。

（2）浓度演变过程分析

就总体趋势而言，经过一次 9 个月的引水后，湖体平均总磷浓度下降，由最初的 0.05 mg/L 降至 0.037 mg/L。如果考虑停水期（12 月、1 月、2 月）的水质变化，湖体损失量按 3 mm/d 计，则经过 3 个月的水体滞留、浓缩作用后，湖体的总磷浓度最终变为 0.043 mg/L。可见，虽然在 8 月至翌年 2 月的基流期及停水期间，湖体总磷浓度有所增加，但由于在 3 ~ 6 月的基流引水及 6、7、8 月的 3 次集中引水期间，总磷浓度可通过水体置换得到大幅度降低，因此经过一年的水质演变后，湖体总磷浓度呈下降趋势，换言之，总磷在水体中不会发生多年富集作用，水体发生富营养化的可能性很小。

从各区总磷浓度演化规律来看，各区的浓度值在平均值上下波动，其中，1、2、3、7 区的浓度值低于全湖平均值，而 4、5、6 区的浓度值要高于全湖平均值，尤其以 5 区的浓度值最高。

就演化曲线的形状而言，各区的变化趋势总体上与全湖平均值一致，即曲线波动较大，有下降、有上升，但经过夏季第一次集中引水后，浓度值迅速下降。1、2 区由于靠近引水口，在引水初期，便发生水体置换，因此总磷浓度迅速下降。其他分区引水到达需要一段时间，因此在发生强烈的水体置换前，水体中的总磷浓度经历一个增长期间。其中，5 区的浓度上升幅度最大，最大值可达 0.054 mg/L，高于初始值的持续时间最长（3 月 1 日 ~ 5 月 15 日，约 75 天）。因本计算中假定的浓度初始条件较为不利，即使 5 区的总磷浓度达 0.054 mg/L（在富营养化可发生范围内），因为该期间天气较冷、水温不超过 20℃，不会发生富营养化。

第五节　水环境保护措施

围绕龙子湖的水环境问题，前面已做了大量的工作，包括环境现状调查与监测、污染源预测、水流数值模拟、水体置换模拟、工程布置方案优化、水资源配置优化、水质演化模拟、富营养化分析等。基于以上工作，又考虑到其他专业配合，提出了水环境保护措施，这些措施都被设计部门纳入设计中。

一、引水水质控制措施

确保水质满足既定目标是未来龙子湖水环境保护的首要任务。根据计算研究，引水水质是龙子湖水质的控制性因素。因此，首先要从源头上对水质进行控制。由于龙子湖引水水质受黄河水质的影响，因此水质控制措施应从以下四方面考虑。

1. 采取有效的沉沙措施

黄河水体泥沙含量较高，在水体引入之前，应预先进行沉沙，祛除水体中大部分泥沙颗粒，水体中的一部分污染物质受泥沙吸附作用随着泥沙的沉淀而祛除。规划设计中已经考虑了沉沙池。

2. 对引水河道进行彻底污染治理

根据规划，拟采用河道向龙子湖补水。河道现状污染较严重，沿途生活、工业污水汇入，为了保护水系的水质，将来必须彻底截污，清除沿途垃圾，否则无法确保水质。建议在河道两侧建立保护区，禁止周边污水、垃圾等随意排放现象。沿河进行绿化，建防护林，加强渠道的水质保护管理工作。

由于引水河道的一部分处于规划的新区中，建议结合城市布局规划进行统筹设计，将建筑、水质保护、景观有机地融合在一起，形成富有特色的景观绿化走廊。

此外，夏季下大雨时，径流一般比较浑浊，也会将大量城市污染物质带入河道。因此，要对雨水进行分流或者采取相应的净化措施。如果以上措施难以实施，还可以考虑铺设暗管作为供水渠道，这样引水水质不受沿途外界因素的干扰，更有保证。

3. 对引水水质进行定期监测

定期进行引水水质监测，随时掌握水质动态，及时发现问题，采取相应对策措施。

4. 与黄河上游的水资源保护规划相协调

黄河来水水质与黄河上游流域的水土保持及水资源保护情况密切相关，这个因素涉及面较广，但新区的水环境保护规划应该与黄河上游的水资源保护规划相协调。

二、城市污染控制管理措施

1. 对连接渠道进行截污治理

有两条排水渠道与龙子湖相连，目前是城市的排污渠及泄洪渠，污染十分严重，平时流淌的都是城市生活污水（平时流量约 5 m^3/s）。如果不进行治理，污染物可能会扩散至湖区，特别是泄洪时，洪水可能会出现倒灌入湖现象，从而影响水质。必须实施彻底的污水截留，建设污水管网，让污水流进管道进行污水处理。

2. 湖周实现彻底截污

生活污水是城市水系最重要的污染源，生活污水截流是治污的根本，因此龙子湖水域周围城区必须彻底实施截污。另外，由于城市雨水较脏，而且雨水管经常被用作排污管，所以必须实施污 / 雨分流。合理布置功能区，限制污染企业的开发，对餐厅、宾馆、旅游设施、自由市场等应合理布局，并严格采取污水处理措施，排入城市污水管网，禁止将污水直接排入龙子湖。

3. 加强城市卫生管理

加强区域内的卫生管理，使街面保持干净，减少因风吹、雨水等因素将脏物带入河流。对区域内的市场、餐馆、外来人口聚居区应进行严格的卫生管理，对建设工地卫生实行严格监督。

4. 提高环卫部门管理水平

环卫部门应提高管理水平，杜绝清洁人员向河道倾倒垃圾的情况（北京市这种情况较突出）发生，严格要求从业人员遵守规定，明确责任，建立相应的处罚措施。

5. 合理布置垃圾处理站点、公共厕所

健全垃圾收集站点网络（尤其是公共场所），让人们的垃圾有处可弃，减少因无垃圾站（箱）而导致的随意丢弃。

6. 加强水系环境监督

成立水系环境执法监督队伍，依法行使职责，惩罚排污、弃污者。

7. 加强湖体保洁工作

加强河道的保洁工作，将岸边枯枝落叶、尘土、垃圾等及时清扫，将坡面进行及时护理，将漂浮在水面上的脏物、树叶等及时清出。

8. 充分发挥公众保护环境的积极性

河道管理部门应建立与沿线居民的沟通渠道，公布举报电话，让居民有机会参与对污染源的监督，及时发现问题，进行处理，也可以实行“门前三包”等措施，对水环境实行有效的监督和保护。

9. 加强教育宣传，增强群众的环保意识

沿河竖立一些警示牌，呼吁人们注意保护水环境。另外，利用新闻媒体的优势，加强环境保护的宣传。

三、水体置换优化措施

在对水系污染源进行综合治理的基础上，可通过合理调度引水，改善湖体水质。如果湖体发生水质恶化现象，水体置换稀释是最可靠、最简单、最有效的改善水质的方法。

建议对湖体水质定期监测，实时掌握水质变化规律，以之作为引水调度的指导。一旦湖体水质出现恶化或暴发富营养化，可立即进行集中式连续引水，改善水质。通过报告中对换水效果的计算分析可知，通过一次 15 天的集中引水（引水总量约为 731 m^3），水体中的高锰酸盐指数可下降 37%、总磷浓度下降 29%。

四、水资源合理调配措施

科学调配水资源，是实现区域水资源可持续利用、社会经济环境可持续发展的重要举措。具体来说，对龙子湖而言，就是要确定一个较优的引水量分配，在这个引水量下，既能保证龙子湖良好的水质，又能节约湖泊用水，实现高效利用水资源和有效保护水环境的双赢。龙子湖的水域面积与北京市北环水系面积接近，根据对北环水系的调查，水系因蒸发作用需补给的径流流量为 0.1 ~ 0.12 m^3/s。参考北环水系的数据，如果龙子湖水域蒸发补给量按 0.1 m^3/s 考虑，则龙子湖水域在维持水位不变的情况下，基流引水量可采用 0.15 m^3/s。此外，为防止夏季水体发生富营养化，在 6、7、8 月份富营养化易暴发季节湖体应进行几次集中式引水，确定的优化方案考虑按上述引水条件计算，则龙子湖一年需要的引水量为 1 270.08 万 m^3，相当于 4.88 倍龙子湖水体。换言之，对于每年 6 倍龙子湖水体引水量的规划方案，可节约 1.12 倍水体水量（291.2 万 m^3），采用 4.88 倍龙子湖水体引水量，即可满足龙子湖运行期间水体水质要求。

五、生态措施

结合景观设计及环境知识普及教育，合理配置、营造部分湿地，充分发挥其生态功能。从生物多样性、水源净化、资源开发、大众娱乐与旅游及生态环境科学研究等诸多方面进行考虑。

在污水净化方面，湿地被认为是“天然的净化器”，湿地生态系统作为农田与水体之间的一个过渡地带，可通过土壤吸附、植物吸收、微生物转化等一系列物理、化学和生物学作用降解地表径流中的氮磷营养物质，减轻地表水的污染。湿地技术已越来越受到人们的重视，并得到越来越广泛的应用。

龙子湖区域拟采用湿地技术，在湖体引水口附近及湖岸、岛屿等处设置 30 处湿地，对引水、雨水及其他地表径流进行处理，相关工作已由业主委托其他研究单位正在开展。通过建立湿地生态系统，不仅可以净化湖体入水水质，而且可以美化区域环境，满足人们对环境舒适度的要求。

但是，根据国内已有的经验，湿地的维护管理是发挥其长期效果的保证，国内多数湿地在运行数年之后归于废弃，丧失了其生态功能。因此，湿地建设重要，但长期运行管理更重要，这是不能忽视的问题。

此外，水生生态系统也需要有效的控制和管理。比如水边挺水植物，保持在一定的范围和规模，对景观和生态都有利，但如果任意蔓延，也会造成生态失衡，破坏景观。因此，如何控制是设计中必须重视的问题。水中败落的植物如果不能及时清除，会在水中腐烂，不但影响景观，而且会影响水环境，在将来的运行中，维护管理也是非常重要的问题。

六、水生态保护与修复技术

地球有“水的星球”之称，水在推动地球及地球生物的演化、形成与发展过程中起着极为重要的作用。然而，在过去的几十年中，随着人类生活水平的提高、人口的快速增长及工农业生产的迅猛发展，人类对水资源的需求量急剧增加。同时，由于人类对水资源管理和利用缺乏科学的认识，造成了水资源随意开采、污染物大量排入水中及森林破坏（尤其是河岸植被带）等，严重影响和破坏了水域生态系统。而且，这种变化和破坏的程度超过历史上任何时期，水域生态系统自身及人工的修复速率也远远小于其受到损害的速率。水资源的损耗与短缺是水域环境严重破坏后的必然结果。

因此，如何延缓甚至阻止水域生态系统受损进程、维持其现有淡水生态系统的服务功能、修复受损水域生态系统和促进淡水资源持续健康发展已经成为当今国际社会关注的焦点之一。

（一）水生态保护与修复规划编制

1. 规划的主要内容及技术路线

水生态保护与修复规划的主要任务是以维护流域生态系统良性循环为基本出发点，合理划分水生态分区，综合分析不同区域的水生态系统类型、敏感生态保护对象、主要生态功能类型及其空间分布特征，识别主要水生态问题，针对性提出生态保护与修复的总体布局和对策措施。

2. 水生态保护与修复措施体系

在水生态状况评价基础上，根据生态保护对象和目标的生态学特征，对应水生态功能类型和保护需求分析，建立水生态修复与保护措施体系，主要包括生态需水保障、水环境保护、河湖生境维护、水生生物保护、生态监控与管理五大类措施，针对各大类措施又细分为 14 个分类，直至具体的工程、非工程措施。

（1）生态需水保障

生态需水保障是河湖生态保护与修复的核心内容，指在特定生态保护与修复目标之下，保障河湖水体范围内由地表径流或地下径流支撑的生态系统需水，包含对水质、水量及过程的需求。首先，应通过工程调度与监控管理等措施保障生态基流；其次，针对各类生态敏感区的敏感生态蓄水过程及生态水位要求，提出具体生态调度与生态补水措施。

（2）水环境保护

水环境保护主要是按照水功能区保护要求，分阶段合理控制污染物排放量，实现污水排放浓度和污染物入河总量控制双达标。对于湖库，还要提出面源、内源及富营养化等控制措施。

（3）河湖生境维护

河湖生境维护主要是维护河湖连通性与生境形态，以及对生境条件的调控。河湖连通性，主要考虑河湖纵向、横向、垂向连通性及河道蜿蜒形态。生境形态维护主要包括天然生境维护、生境再造、“三场”保护及海岸带保护与修复等。生境条件调控主要指控制低温水下泄、控制过饱和气体及水沙调控。

（4）水生生物保护

水生生物保护包括对水生生物基因种群及生态系统的平衡及演进的保护等。水生生物保护与修复要以保护水生生物多样性和水域生态的完整性为目标，对水生生物资源和水域生态的完整性进行整体性保护。

（5）生态监控与管理

生态监控与管理主要包括相关的监测、生态补偿与各类综合管理措施，是实施水生态事前保护、落实规划实施、检验各类措施效果的重要手段。要注重非工程措施在水生态保护与修复工作中的作用，在法律法规、管理制度、技术标准、政策措施、资金投入、科技创新、宣传教育及公众参与等方面加强建设和管理，建立长效机制。

3. 生态修复与重建常用的方法

生态修复与重建既要对退化生态系统的非生物因子进行修复重建，又要对生物因子进行修复重建。因此，修复与重建途径和手段既包括采用物理、化学工程与技术，又包括采用生物、生态工程与技术。

（1）物理法

物理方法可以快速有效地消除胁迫压力、改善某些生态因子，为关键生物种群的恢复重建提供有利条件。例如，对退化水体生态系统的修复，可以通过调整水流改变水动力学条件，通过曝气改善水体溶解氧及其他物质的含量等，为鱼类等重要生物种群的恢复创造条件。

（2）化学法

化学法是通过添加一些化学物质，改善土壤、水体等基质的性质，使其适合生物的生长，进而达到生态系统修复重建的目的。例如，向污染的水体、土壤中添加络合 / 整合剂，络合 / 整合有毒有害的物质，尤其对于难降解的重金属类的污染物，一般可采用络合剂，络合污染物形成稳态物质，使污染物难以对生物产生毒害作用。

（3）生物法

人类活动引起的环境变化会对生物产生影响甚至破坏作用，同时，生物在生长发育过程中通过物质循环等对环境也有重要作用，生物群落的形成、演替过程又在更高层面上改变并形成特定的群落环境。因此，可以利用生物的生命代谢活动减少环境中的有毒、有害物的浓度或使其无害化，从而使环境部分或完全恢复到正常状态。微生物在分解污染物中的作用已经被广泛认识和应用，已经有各种各样的微生物制剂、复合菌制剂等广泛用于被污染的退化水体和土壤的生态修复。植物在生态修复重建中的作用也已经引起重视，植物不仅可以吸收利用污染物，还可以改变生境，为其他生物的恢复创造条件。动物在生态修复重建中的作用也不可忽视，它们在生态系统构建、食物链结构的完善和维护生态平衡方面均有十分重要的作用。

（4）综合法

生态破坏对生态系统的影响往往是多方面的，既有对生物因子的破坏，又有对非生物因子的破坏，因此，生态修复需要采取物理法、化学法和生物法等多种方法的综合措施。例如，对退化土壤实施生态修复，应在诊断土壤退化主要原因的基础上，对土壤物理特性、土壤化学组成及生物组成进行分析，确定退化原因及特点，根据退化状况，采取物理化学及生物学等综合方法。对于严重退化的土壤，如盐碱化严重或污染严重的土壤，可以采取耕翻土层深层填埋、添加调节物质（如用石灰、固化剂、氧化剂等）和淋洗等物理化学方法。在土壤污染胁迫的主要因子得以控制和改善后，再采取微生物、植物等生物学方法进一步改善土壤环境质量，修复退化的土壤生态系统。

（二）湖泊生态系统的修复

地球上所有的水资源中，淡水和淡水湖泊所占比例不到水资源总量的0.02%，但即便如此，淡水湖仍然是世界上许多地区最重要的水资源。例如湖泊可提供饮用、灌溉和景观用水，还可进行划船、游泳和垂钓等娱乐活动。湖泊具有很高的生物多样性，而且是许多陆生动物和水鸟的食物来源。

我国现有湖泊约2万个，水面面积大于1 km^2的天然湖泊接近2700个，其中大于10 km^2的湖泊600多个，湖泊总蓄水量7000多亿m^3。同时，我国还有8万余座水库，总库容4130亿m^3。我国湖泊（水库）水资源总量约6380亿m^3，可开发利用量是地下水的2.2倍，占全国城镇饮用水水源的50%以上，湖泊和水库为我国城市提供了大部分的水。

世界上大部分湖泊比较小，而且水较浅。浅水湖和深水湖在营养物负荷、营养结构等许多方面都有所不同。它们之间最基本的不同点是：夏天深水湖常常出现温度分层现象，而浅水湖没有此类现象。由于深水湖上层水的温度高，深层水的温度低，会形成温跃层，这将阻碍水与悬浮物的相互混合；浅水湖没有温跃层，水和水中沉积物可以相互混合，营养物循环很快。此外，浅水湖能够增加食物链中各类生物之间的相互作用，如鱼类以浮游动物为食，可能使水生大型植物和苔藓增加；但在深水湖的岸边，光照、波浪乃至水压等因素都限制了水生大型植物的生长。浅水湖和湿地中的大型沉水植物为水鸟及其他动物提供了良好的栖息环境和丰富的食物，是整个生境结构和功能的基础。由于受人类活动的影响较大（农业沥水或营养输入），浅水湖更为敏感。

20世纪50年代，英国、美国和澳大利亚等国开始对矿业废弃地的生态进行修复实践，这是受损生态系统修复工作的开端。

湖泊生态系统修复工作的最早尝试始于20世纪60年代，1976年美国EPA开始资助湖泊生态系统修复工作，并于1980年正式开始“Lake Clean Program”计划，到1987年该计划共支持362个湖泊生态系统修复项目。此后，欧洲国家也先后开展了湖泊治理项目。

20世纪90年代，我国开展了湖泊生态系统修复实践，先后在太湖、洱海、滇池、巢湖和于桥水库等湖泊（水库）开展了不同程度的研究和工程实践。

1. 湖泊的类型与特点

（1）湖泊的类型

在一定环境地质、物理、化学和生物过程的共同作用下，湖泊经历了形成、演化成熟直至最终死亡的过程。因此，湖泊类型和湖泊环境具有显著的地域特点。世界湖泊根据湖泊成因分类主要有：

1）火山湖，火山成因的湖泊规模相对较小，但水深较大，如我国的五大连池。

2）构造湖，地壳活动形成的构造断陷湖通常规模和水深较大，如洱海。

3）冰川湖，冰川作用形成的湖泊。

4）壅塞湖，断陷构造与地震滑坡共同形成的。

5）水库，由筑坝拦截形成的大型人工湖泊。

6）河流成因的湖泊，这类湖泊的亚种比较多，主要又分侧缘湖、泛滥平原湖、三角洲湖和瀑布湖等，我国长江中下游的大量湖泊均属于此类。

此外，还有风成湖、溶蚀湖和海岸过程形成的湖泊等。

（2）湖泊的特点

1）湖泊热平衡和水体季节性分层

具有较大水深的湖泊和水库由于水体中热量传递不均匀而出现季节性的温度分层现象，季节性水体分层是湖泊区别于河流等强水动力环境的重要特征。

水体温度分层结构的交替发展，控制着湖泊（水库）中水体的交换过程，使水的化学性质也出现相应的分布变化。

夏季湖水分层期间，表层透光层浮游植物（藻类）的光合作用放出 O_2，因而上层水体中溶解氧可能过饱和；反之，下层水体中，由于呼吸作用和有机质降解作用相对较强，水体中溶解氧因此被消耗。水体分层能有效控制上、下水团的交换，逐渐形成水体溶解氧的分层结构。

在初级生产力高的富营养化湖泊（水库）中，下层有机质的矿化分解和表层透光层强烈的光合作用，随水体温度结构的发展可形成非常显著的溶解氧深度跌落分布。在寡营养湖泊中，由于生物作用较弱，即使水体温度显著分层，下层水体溶解氧也不会有明显跌落。

2）湖泊水文和湖流循环性质

地表径流是外流湖泊的主要水量补给源，湖泊水位变化受制于河川水情，如我国鄱阳湖出、入湖径流量占全湖水量总收支的 90% 以上。

全部湖水交换更新一次需要的时间称为换水周期。

湖水运动包括湖流、风浪、风涌水、表面定振波和湖水混合等现象。湖泊水体运动的主要驱动因素是湖面气象因素及河湖水量交换，气象因素中风起主导作用。

湖流：湖流主要指湖泊中水团按一定方向前进的运动，又分为风生流、重力流和密度流。

湖泊定振波：湖泊定振波是由于风力、气压突变和地震等原因形成的一种波长与湖泊长度为同一量级的长波运动，是湖泊中经常存在的一种周期性振荡的水动力现象。

风浪：风浪是由于风作用于湖面所产生的一种水质点周期性起伏的运动，风浪的产生和消失取决于风速、风向、吹程、持续时间和水深等因素。

风涌水：风涌水是指在强风或气压骤变时引起的漂流，是湖水迎风岸水量聚集，水往上涨，而湖泊背风岸水位下降。

湖水混合：湖水混合是湖中水分子或水团在不同水层之间相互交换的现象。在湖水混合过程中，湖泊不同水团之间的热量、动量、质量及溶解质按梯度趋势发生改变，使湖水理化性状在垂直及水平方向上趋于均匀。

2. 湖泊的结构与生态功能

（1）湖泊的结构

由于光的穿透深度和植物光合作用，湖泊在垂直和水平方向上均具有分层现象。水平分层可将湖泊区分为湖沼带（Limnetic Zone）、沿岸带（Littoral Zone）和深水带（Profundal Zone）。沿岸带和深水带都有垂直分层的底栖带（Benthic Zone）。

1）湖沼带。谈到开阔的湖沼带，人们往往会想到鱼类，但其实湖沼带的主要生物并非鱼类而是浮游动物和浮游植物。鼓藻、硅藻和丝藻等浮游植物在开阔水域进行光合作用，它们是整个湖沼带食物链的开端，其他生物的存亡主要取决于它们。光照决定着浮游植物所能生存的最大深度，因此浮游植物大都分布在湖水上层。浮游植物可通过自身生长影响日光射入水中的深度，所以，随着夏季浮游植物的生长，它们的生存深度随之逐渐变小。在透光带内各种浮游植物的发育最适条件决定了它们各自所在的深度。浮游动物因其有独立运动能力而常常表现出季节分层现象。

在春季和秋季的湖水对流期，浮游生物常随水下沉，而湖底分解所释放出的营养物则被带到营养物极度缺乏的水面。春季当湖水变暖，开始分层时，营养和阳光不再缺失，浮游植物因此会达到生长旺盛期，此后随着营养物的耗尽，浮游生物种群数量会急剧下降，在浅水湖区最为明显。

湖沼带的自游生物（Nekton）主要是鱼类，其分布主要受食物、氧含量和水温等因素的影响。湖鳟在夏季迁移到比较深的水中生活；大嘴鲈鱼、狗鱼等鱼类则不同，它们在夏季常分布在温暖的表层水中，因为那里的食物最丰富，冬季则回到深水中生活。

2）沿岸带。在湖泊和池塘边缘的浅水处生物种类最丰富。这里的优势种属植物是挺水植物，植物的数量及分布依水深和水位波动而不尽相同。浅水处有苔草和灯芯草，稍深处有芦苇和香蒲等，慈姑和海寿属植物也与其一起生长。再向内就形成了一个浮叶根生植物带，主要植物有百合和眼子菜。虽然这些浮叶根生植物根系不太发达，却具有很发达的通气组织。随水深进一步增大，浮叶根生植物无法继续生长，就会出现沉水植物。常见种类是轮藻和某些种类的眼子菜，这些植物缺乏角质膜，叶多裂呈丝状，可直接从水中吸收气体和营养物。

沿岸带可为整个湖泊提供大量有机物质。在挺水植物和浮叶根生植物带生活着各类动物，如原生动物、海绵、水螅和软体动物；昆虫则包括蜻蜓、潜甲和划蝽等，后两者在潜水下寻觅食物时可随身携带大量空气。各种鱼类如狗鱼和太阳鱼都能在挺水植物和浮叶根生植物丛中找到食物和安全的避难所。太阳鱼灵巧紧凑的身体很适合在浓密的植物丛中自由穿行。

3）深水带。深水带中的生物种类和数量不仅受来自湖沼带的营养物和能量供应的影响，而且取决于水温和氧气供应。在生产力较高的水域，氧气含量可能成为一种限制因素，这是因为分解者耗氧量较多，因而好氧生物难以生存。深水湖深水带在体积上所占的比例要大得多，因此湖沼带的生产量相对较低，其中的分解活动也难以把氧气完全耗尽。一般来说，只有在春秋两季的湖水对流期，湖水上层的生物才会进入深水带，提高这里的生物多样性。

容易分解的物质在向下沉降的过程中会通过深水带，常常有一部分会被矿化，而其余的有机碎屑或生物残体则沉到湖底，它们与被冲刷进来的大量有机物一起构成了湖底沉积物，形成了底栖生物的栖息地。

4）底栖带。深水带下面的湖底氧气含量非常少，而湖底软泥具有很强的生物活性。由于湖底沉积物中氧气含量极低，因此厌氧细菌是生活在那里的优势生物。但是在无氧条件下，很难将物质分解到最终的无机物，当沉到湖底的有机物数量超过底栖生物所能利用的数量时，它们就会转化为富含甲烷和硫化氢的有臭味腐泥。因此，只要沿岸带和湖沼带的生产力很高，深水湖湖底的生物区系就会比较贫乏。具有深层滞水带（Hypolimnion）的湖泊底栖生物往往较为丰富，因为这里并不太缺氧。此外，随着湖水的变浅，水中透光性、含氧量和食物含量都会增加，底栖生物种类也会随之增加。

（2）湖泊的生态功能

湖泊和池塘是被陆地生态系统包围的水生生态系统，因此来自周围陆地生态系统的输入物对湖泊有着重要影响。各种营养物和其他物质可沿着地理的、生物的、气象的和水文的通道穿越生态系统的边界。捕食食物链和碎屑食物链是能量和各种营养物在湖泊及池塘中迁移的途径。

湖沼带的初级生产主要靠浮游植物，而沿岸带的初级生产则主要靠大型植物。水中营养物的含量是影响浮游植物生产量的主要因素。浮游生物的生物量和浮游生物生产量之间存在一种线性关系：当营养物不受限制、呼吸又是唯一损失时，净光合速率就会很高，生物累积量也会随之增加；当营养不足时，生物呼吸率和死亡率都会增加，这样就会使净光合作用和生物量减少。但在生物量积累不多、营养物也不充足的情况下，只有浮游动物的取食强度很大，细菌分解活动很活跃，净光合速率才会很高。

大型水生生物对湖泊的生物生产量也具有重大贡献。浮游动物、浮游植物、细菌和其他消费者通常是从底泥中和水体中摄取营养的，春季浮游植物会将湖沼带里的氮、磷耗尽，它们死后沉积于湖底，同时分解作用将会减少颗粒状态的氮、磷物质，增加溶解态氮、磷的含量。随着夏季浮游植物数量的下降，颗粒态和溶解态的氮、磷物质的含量均会增加。但磷会主要存在于湖下滞水层中，因而浮游植物无法利用，直到秋季湖水开始对流，上述情况才会被打破。大型植物也可使以上情况有所改变，它们能使磷从沉积物进入水体，再被浮游植物所利用。沉积物中 73% 的磷被大型植物所吸收利用，其中很多最终都转化为可被浮游植物利用的磷。

此外，以浮游植物为食的浮游动物对营养物的再循环也起着十分重要的作用，营养物主要为氮和磷。各种不同大小的浮游动物所取食浮游植物的大小也不同，浮游植物群落的组成成分和大小结构取决于优势浮游植物的大小。反过来，其他动物又以浮游动物为食，如昆虫幼虫、甲壳动物和小刺鱼等。脊椎动物和无脊椎动物均以浮游生物为食，但前者可以捕食后者，同时前者也会成为食鱼动物的食物。

可见，湖泊食物网中每一个营养级的生物生产力受制于湖泊各物种之间的相互关系。就整个湖泊食物网而言，通常在种群密度适中时，才能达到最大生产值。

3. 人类活动对湖泊的影响

人类的活动会极大程度地影响一个原始的天然湖泊。随着第一批居民在湖边定居和第一个娱乐项目在湖上展开，湖泊便随着人类的活动开始演变。一个原本是贫营养的湖泊，会由于下水道和排水装置在湖区安装而导致湖水中的营养物含量明显增加。原来生活在湖中的藻类密度并不大，每 500 g 湿重组织所含的氮、磷、碳含量的比值为 1 ∶ 7 ∶ 40。如果一个湖泊中氮和碳足够而只是缺磷的话，只增加磷的含量就会刺激藻类生长；如果缺氮，只补给氮也能获得同样的效果。通常大多数贫营养湖所缺少的是磷而不是氮，因此只要补给适量的磷就能大大促进其中藻类的生长。随着湖泊中营养物的逐渐增加，湖泊就开始了一个从贫营养化向富营养化过渡的过程，即湖泊的富营养化过程。

湖泊富营养化是指氮、磷等营养物质大量进入水体，浮游植物成为优势种属而导致水生生态系统的结构被破坏及功能异常化的过程。湖泊富营养化导致水体的透明度降低、溶氧下降、水质恶化、鱼类及其他生物大量死亡。人类活动对湖泊富营养化的影响较大，如农田沥水携带营养物流入湖泊，污、废水未经处理排入湖泊等。从 20 世纪 70 年代开始，虽然欧洲北美及其他工业化国家中工业污水排放对湖泊的营养负荷明显减少，但由于生活污水、农业废水的无组织排放，其他发展中国家或地区工业污水简单处理后便排放，加剧了富营养化程度，湖泊富营养化已成为全球性环境问题之一；淡水水质的恶化和淡水需求量的增加已经成为尖锐的矛盾。据调查，中国湖泊普遍受到氮、磷等营养物的污染，1996 年全国有 80% 的湖泊总氮、总磷超标，16 个被调查湖泊有 8 个耗氧有机物超标，且情况仍在恶化，湖泊的治理成了当务之急。

有机有毒物质进入湖泊也是引起湖泊污染的问题之一。从污染源上来讲，有如下常见的污染源。

（1）农药及农业废弃物：有机氯农药、有机磷农药、有机硫农药和含汞或含砷的农药等。

（2）工业污染源：工业污染源工业污染源包括工业生产的“三废”排放，以及生产过程中的有机物泄漏。

（3）生活用煤和燃气的燃烧：生活用煤和燃气的燃烧可产生多种脂肪烃、芳香烃和杂环化合物。

（4）生活污水及生活垃圾填埋。

湖泊水库中有机污染物的迁移过程主要有以下两类。

（1）一些改变化合物结构的过程：如光降解过程、化学转化过程等。

（2）不改变化合物化学结构的作用：如随水介质的迁移和混合作用、挥发性物质的水—气交换过程、凝聚颗粒沉降过程等。

湖泊水库中有毒有机污染物的转化分为以下三类。

（1）物理转化：蒸发、渗透和凝聚过程。

（2）化学转化：水解和光化学降解过程。

（3）生物迁移和生物转化：有毒有机污染物通过水生食物链，低剂量、长周期的持续毒性作用，将对湖泊水库环境造成极大损害。

湖泊的酸化：20 世纪 50 年代以来，世界范围内出现大范围大气酸性降水，许多工业国家受到酸雨的严重危害。化石燃料产生的 SO_2、NO 被氧化后产生硫酸和硝酸，通过湿沉降或干沉降进入水体。矿山废物中的黄铁矿及其他含硫矿物暴露于空气和水中，在铁细菌和硫细菌的催化作用下发生氧化反应而产生酸。

当湖泊水体的 PH 小于 5.6 时，水体与空气中二氧化碳平衡，水体呈酸化状态。鱼类生长的最适合 PH 范围是 5 ~ 9；PH 在 5.5 以下鱼类生长受阻碍，产量下降；PH 在 5 以下，鱼类生殖功能失调，繁殖停止。酸雨直接导致许多鱼类在湖泊中消失。在酸性条件下沉积物和土壤中有毒重金属元素被活化，直接造成湖泊水环境中重金属浓度升高，影响湖泊中的生物活性。

此外，由于湖泊含有大量的水，并且其补给迅速，所以很多湖泊都被用来进行城市供水和农田灌溉。亚洲的咸海（实际是一个大湖）曾因农田灌溉导致其水位下降了 9 m，预计还可能持续下降 8 ~ 10 m，约相当于使湖水水量减少一半。湖岸周围暴露出的湖底几乎已变为荒漠，一度兴旺发达的渔业也荡然无存。美国莫诺湖也因湖水利用而使湖面面积缩减了三分之一，湖水咸度大为增加，威胁着当地居民的生活和大量迁徙鸟类在湖中的栖息。

4. 湖泊生态系统修复的基本原理

（1）湖泊反馈机制

许多有关湖泊富营养化的经验方程和数据均表明，大多数湖泊营养负荷和生态系统环境条件之间存在简单线性关系，但也有例外。尤其对于浅水湖而言，当湖泊营养负荷达到某临界点时，湖泊会突然跃迁到浑浊状态。但是，许多研究者发现在营养负荷累积初期，湖泊内存在不可忽视的跃迁阻力，这些阻力可能是系统内某些反馈机制作用的结果。其中，生物反馈机制较为重要。例如，湖泊底部表面沉积物上的某些未吸附位点可以吸附水体的磷，发生营养物滞留，减缓或阻碍湖水营养物累积。

（2）优势大型植物缓冲机制

在浅水湖中，大型沉水植物可以通过以下方式减缓富营养作用：

1）营养负荷增加时，大型沉水植物的生物量会增加，固定营养物的能力得以提高，因此使得夏天浮游植物可利用的营养物减少。

2）沉水植物的增加会减少沉积物的再悬浮，从而减少再悬浮过程中所释放的营养物。

3）一些实验表明，如果沉水植物的根和植物体表面积很大，那么会促进脱氧作用，减少湖水中氮的含量。

4）浮游植物的光合作用受沉水植物遮蔽作用的影响，所以浮游植物数量会随之改变。除上述有关影响光照减少营养物等直接作用外，沉水植物净化水质的功能还包括一些间接作用。例如，在总磷浓度不变的条件下，沉水植物覆盖率高的湖泊更清澈，这主要是因为沉水植物的间接作用。首先，沉水植物可以通过减少波浪的冲击力来促进沉积物的沉积并减少沉积物的再悬浮。这样，由风引起沉积物再悬浮的浅水湖，其透明度更高一些。其次，沉水植物通过对鱼类群落结构的影响也可以减少沉积物的再悬浮。例如，深水鱼类寻找食物时会搅动沉积物，这实际上增加了营养物和悬浮沉积物的浓度。这些深水鱼在大型植物少的湖中很多，但在大型植物多的湖中却很少，大型植物多的湖中主要是鲤科淡水鱼和红眼鱼。最后，大型沉水植物能释放某些化学物质，抑制浮游植物的生长，从而使得大型沉水植物多的湖泊特别清澈。

大型植物会间接地影响鱼类和无脊椎动物，对浮游动物最为明显，因而对浮游植物也会产生一连串的影响。第一，大型植物有利于食肉性鱼类的存在，而不利于以浮游动物为食的鱼类的生存。第二，在富营养的湖中，白天，大型植物为浮游动物提供了避难所，使它们能避免鱼类的捕食及夏天过强的光照。夜晚，当被捕食的危险降低时，浮游动物便会进入开放水域中。大型植物的这种避难所功能，增加了浮游动物对浮游植物的取食，有利于增加水体透明度，改善自身的生长条件。第三，在生活早期阶段，蚌类必须依赖大型沉水植物生存，它们对浮游植物的捕食，也会大大增加浅水湖的透明度。第四，一些与大型植物伴生的甲壳类动物会抑制浮游动物的生物量。

目前，研究人员对浮游植物增加、大型植物减少是否与富营养化有关仍存在争议。一种观点认为营养负荷增加会导致浮游植物和附生植物加速生长，沉水植物的光合作用减弱，并使沉水植物最终衰老死亡，使得营养物从增加的浮游植物中释放出来。另外一种假设认为鱼类数目增大，浮游植物和附生植物的生长因鱼类对浮游动物的捕食而被刺激，从而对大型沉水植物造成影响。这样，总磷含量间接地甚至直接地成了富营养化的启动因素。此外，其他一些因素也会影响沉水植物生存，包括水鸟、捕食、水质、冬天鱼类捕杀及春季天气条件变动等。

（3）化学作业机制

在某些时候，湖泊总磷负荷已经降到足够低，但富营养化状态仍未得以改变。此时，降低营养负荷的限制因素可能是化学过程：营养负荷高时，湖泊底部沉积物聚集了大量的磷，形成一个营养库（磷的内部负荷），因此磷浓度仍保持很高，这种释放过程需要几年时间才能结束。

目前，许多湖泊中来自外部的营养负荷已经显著降低，主要是因为人为废水处理的情况得以改善。随着营养负荷的改变，一些湖泊能够迅速对其产生响应，而进入清水状态；有些湖泊反应却很不明显，这是由于这些湖泊内营养物的减少程度不足以使湖泊自身启动富营养化修复过程。例如，在生物群落和水交换频繁的浅水湖中，只有在总磷（TP）浓度降到 0.05 ～ 0.1 mg/L 以下时，才有可能达到清水状态。

营养负荷的升高和降低都会出现限制条件，两种状态的转换平衡是在中营养水平阶段发生的。众理论研究和多数据发现，两种状态转换的决定性因素是营养负荷改变开始前的状态和当前的营养水平（营养水平越低，出现清水状态的可能性越高），但人们对与营养水平相关的营养状态何时发生仍有争论。从 Danish 湖转换的经验来看，两种状态交替出现在总磷浓度 0.04 ～ 0.15 mg/L 时。另外，对于被废水严重影响的湖泊，由于周期性的高 PH 和高好氧均能使鱼类等死亡，因此会出现人为的清水状态。此外，水深和水温也起一定的作用。

（4）生物作用机制

在某种程度上，生物间的相互作用也会影响湖泊磷负荷及其物理化学性质。例如，底栖鱼类和浮游鱼类间的相互作用：肉食性鱼类的持续捕食，阻碍了大型食草浮游动物的出现，而水质能够显著地被这些食草浮游动物所改善，主要是由于其能减少底栖动物的数量及氧化沉积物。此外，鱼类对沉积物的扰动、底栖鱼类的排泄物会加重湖水浑浊程度。这样，光照强度被减弱，阻碍了沉水大型植物的出现和底部藻类的生长，从而使得湖泊保持较低的沉积物保留能力。

食草性水鸟（如白骨顶和哑天鹅）的取食使大型沉水植物的繁殖被推迟，这也是一种生物限制因素。在沉水植物的指数生长阶段，植物的生长速度与水鸟的捕食速度相比是略高的。然而，在冬天水鸟对块基、鳞茎的取食相对较少，主要以植物为食。因此，可以通过水鸟的迁徙减少次年的植物密度，增加营养浓度。

5. 湖泊生态系统修复的生态调控

（1）湖泊生态系统修复的生态调控措施

治理湖泊的方法有物理方法如机械过滤、疏浚底泥和引水稀释等；化学方法如杀藻剂杀藻等；生物方法如放养鱼等；物化法如木炭吸附藻毒素等。各类方法的主要目的是降低湖泊内的营养负荷，控制过量藻类的生长，均取得了一定的成效。

1）物理、化学措施。在控制湖泊营养负荷实践中，研究者已经发明了许多方法来降低内部磷负荷，例如通过水体的有效循环，不断干扰温跃层，该不稳定性可加快水体与 DO（溶解氧）、溶解物等的混合，有利于水质的修复；削减浅水湖的沉积物，采用铝盐及铁盐离子对分层湖泊沉积物进行化学处理，向深水湖底层充入氧或氮。

2）水流调控措施。湖泊具有水“平衡”现象。它影响着湖泊的营养供给、水体滞留时间及由此产生的湖泊生产力和水质。若水体滞留时间很短，如在 10 d 以内，藻类生物量不可能积累；水体滞留时间适当时，既能大量提供植物生长所需营养物，又有足够时间供藻类吸收营养促进其生长和积累；如有足够的营养物和 100 d 以上到几年的水体滞留时间，则可为藻类生物量的积累提供足够的条件。因此，营养物输入与水体滞留时间对藻类生产的共同影响，成为预测湖泊状况变化的基础。

为控制浮游植物的增加，使水体内浮游植物的损失超过其生长，除对水体滞留时间进行控制或换水外，增加水体冲刷及其他不稳定因素也能实现这一目的。由于在夏季浮游植物生长不超过 3 ~ 5 d，因此这种方法在夏季不宜采用。但是，在冬季浮游植物生长慢的时候，冲刷等流速控制方法可能是一种更实用的修复措施，尤其对于冬季菌浓度相对较高的湖泊十分有效。冬季冲刷之后，藻类数量大量减少，次年早春湖泊中大型植物就可成为优势种属。这一措施已经在荷兰一些湖泊生态系统修复中得到广泛应用，且取得了较好的效果。

3）水位调控措施。水位调控已经被作为一类广泛应用的湖泊生态系统修复措施。这种方法能够促进鱼类活动，改善水鸟的生境，改善水质，但由于娱乐、自然保护或农业等因素，有时对湖泊进行水位调节或换水不太现实。

由于自然和人为因素引起的水位变化，会涉及多种因素，如湖水浑浊度、水位变化程度、波浪的影响（风速、沉积物类型和湖的大小）和植物类型等，这些因素的综合作用往往难以预测。一些理论研究和经验数据表明水深和沉水植物的生长存在一定关系。即如果水过深，植物生长会受到光线限制；反之，如果水过浅，频繁地再悬浮和较差的底层条件，会使得沉积物稳定性下降。

通过影响鱼类的聚集，水位调控也会对湖水产生间接的影响。在一些水库中，有人发现改变水位可以减少食草鱼类的聚集，进而改善水质。而且，短期的水位下降可以促进鱼类活动，减少食草鱼类和底栖鱼类数量，增加食肉性鱼类的生物量和种群大小。这可能是因为低水位生境使受精鱼卵干涸而令其无法孵化，或者增加了其被捕食的危险。

此外，水位调控还可以控制损害性植物的生长，为营养丰富的浑浊湖泊向清水状态转变创造有利条件。浮游动物对浮游植物的取食量由于水位下降而增加，改善了水体透明度，为沉水植物生长提供了良好的条件。这种现象常常发生在富含营养底泥的重建湖泊中。该类湖泊营养物浓度虽然很高，但由于含有大量的大型沉水植物，所以在修复后一年之内很清澈，然而几年过后，便会重新回到浑浊状态，同时伴随着食草性鱼类的迁徙进入。

4）水生大型植物的保护和移植。由于藻类和水生高等植物同处于初级生产者的地位，二者相互竞争营养、光照和生长空间等生态资源，所以水生植物的组建及修复对于富营养化水体的生态修复具有极其重要的地位和作用。

围栏结构可以保护大型植物免遭水鸟的取食，这种方法可以作为鱼类管理的一种替代或补充方法。围栏能提供一个不被取食的环境，大型植物可在其中自由生长和繁衍。此外，白天它们还能为浮游动物提供庇护。这种植物庇护作为一种修复手段是非常有用的，特别是在小湖泊和由于近岸地带扩展受到限制或中心区光线受到限制的湖泊更加明显，这是因为水鸟会在可以提供巢穴的海岸区聚集。在营养丰富的湖泊中植物作为庇护场所所起的作用最大，因为在这样的湖泊中大型植物的密度是最高的。另外，植物或种子的移植也是一种可选的方法。

5）生物操纵与鱼类管理。生物操纵（Biomanipulation）即通过去除浮游生物捕食者或添加食鱼动物降低以浮游生物为食鱼类的数量，使浮游动物的体型增大，生物量增加，从而提高浮游动物对浮游植物的摄食效率，降低浮游植物的数量。生物操纵可以通过许多不同的方式来克服生物的限制，进而加强对浮游植物的控制，利用底栖食草性鱼类减少沉积物再悬浮和内部营养负荷。生物管理 Crzech 实验中用削减鱼类密度来改善水质，增加水体的透明度。Drenner 和 Ham bright 认为生物管理的成功例子大多是在水域面积 25 hm^2（1 hm^2=104 m^2）以下及深度 3 m 以下的湖泊中实现的。不过，有些在更深的分层和面积超过 1 km^2 的湖泊中也取得了成功。

引人注目的是，在富营养化湖中，当鱼类数目减少后，通常会引发一连串的短期效应。

浮游植物生物量的减少改善了透明度。小型浮游动物遭鱼类频繁地捕食，使叶绿素 / TP 的比率常常很高，鱼类管理导致营养水平降低。

在浅的分层富营养化湖泊中进行的实验，总磷浓度大多下降 30% ~ 50%，水底微型藻类的生长通过改善沉积物表面的光照条件，刺激了无机氮和磷的混合。由于捕食率高（特别是在深水湖中），水底藻类浮游植物不会沉积太多，在低的捕食压力下更多的水底动物最终会导致沉积物表面更高的氧化还原作用，这减少了磷的释放，进一步刺激加快了硝化—脱氮作用。此外，底层无脊椎动物和藻类可以稳定沉积物，因此减少了沉积物再悬浮的概率。更低的鱼类密度减轻了鱼类对营养物浓度的影响。而且，营养物随着鱼类的运动而移动，随着鱼类而移动的磷含量超过了一些湖泊的平均含量，相当于 20% ~ 30% 的平均外部磷负荷，这相比于富营养湖泊中的内部负荷还是很低的。

最近的发现表明，如果浅的温带湖泊中磷的浓度减少到 0.05 ~ 0.1 mg/L 以下并且超过 6 ~ 8 m 水深时，鱼类管理将会产生重要的影响，其关键是使生物的结构发生改变。通常生物结构在这个范围内会发生变化。然而，如果氮负荷比较低，总磷的消耗会由于鱼类管理而发生变化。

6）适当控制大型沉水植物的生长。虽然大型沉水植物的重建是许多湖泊生态系统修复工程的目标，但密集植物床在营养化湖泊中出现时也有危害性，如降低垂钓等娱乐价值、妨碍船的航行等。此外，生态系统的组成会由于入侵种的过度生长而发生改变，如欧亚狐尾藻在美国和非洲的许多湖泊中已对本地植物构成严重威胁。对付这些危害性植物的方法包括特定食草昆虫如象鼻虫和食草鲤科鱼类的引入、每年收割、沉积物覆盖、下调水位或用农药进行处理等。

通常，收割和水位下降只能起到短期的作用，因为这些植物群落的生长很快而且外部负荷高。引入食草鲤科鱼的作用很明显，因此目前世界上此方法应用最广泛，但该类鱼过度取食又可能使湖泊由清澈转为浑浊状态。另外，鲤鱼不好捕捉，这种方法也应该谨慎采用。实际过程中很难摸索到大型沉水植物的理想密度以促进群落的多样性。

大型植物蔓延的湖泊中，经常通过挖泥机或收割的方式来实现其数量的削减。这可以提高湖泊的娱乐价值，提高生物多样性，并对肉食性鱼类有好处。

7）蚌类与湖泊的修复。蚌类是湖泊中有效的滤食者。大型蚌类有时能够在短期内将整个湖泊的水过滤一次。但在浑浊的湖泊很难见到它们的身影，这可能是由于它们在幼体阶段即被捕食的缘故。这些物种的再引入对于湖泊生态系统的修复来说切实有效，但目前为止没有得到重视。

19 世纪时，斑马蚌进入欧洲，当其数量足够大时会对水的透明度产生重要影响，已有实验表明其重要作用。基质条件的改善可以提高蚌类的生长条件。蚌类在改善水质的同时也增加了水鸟的食物来源，但也不排除产生问题的可能。如在北美，蚌类由于缺乏天敌而迅速繁殖，已经达到很大的密度，大量的繁殖导致了五大湖近岸带叶绿素 a 与 TP 的比率大幅度下降，加之恶臭水输入水库，从而让整个湖泊生态系统产生难以控制的影响。

因氮磷物质超标，蓝藻、绿藻等藻类在富营养化水体中泛滥，使水体透明度一般只有 0.3 ~ 0.5 m。这种低透明度光照条件，严重限制了对环境有益的沉水植物的光合作用，使之很难栽种和生存。同样，低透明度也导致底层水体缺氧，底栖生物和鱼类难以存活。这已成为我国富营养化景观水体生态修复的最大瓶颈之一。

上海海洋大学等校专家建立了一套“食藻虫引导沉水植物生态修复工程技术”。他们在国际上首次利用经过长期驯化的“食藻虫”，将蓝藻有机碎屑等吞食清除，并产生一种生态因子抑制蓝藻，能使水体透明度在短期内提高到 1.5 m。在此期间，还大量快速种植沉水植物，形成“水下小森林”，吸收过量的氮、磷物质，从而通过营养竞争作用，抑制蓝藻繁殖生长。另外，沉水植被经由光合作用，释放大量溶解氧，并带入底泥，促进底栖生物包括水生昆虫、螺和贝的滋生，修复起自然生态的抗藻效应，使水体保持稳定清澈的状态。位于上海南汇的滴水湖 D 港中段河道，长 1 km，宽 50 m，原来水质为五类到劣五类，透明度仅 0.3 m。经过食藻虫生态修复，沉水植被总覆盖率达 90%，水质提升为二类到三类，透明度提升为 1.5 ~ 3.4 m。北京圆明园生态修复水系面积为 11.3 万 m^2，水深 1.2 ~ 1.5 m，原透明度也只有 0.3 m，生态修复后的水质稳定在三类，清澈见底。另一个试验区为滇池下风口的海埂村，围隔水域面积 3.4 万 m^2，经修复，污染性的总氮含量从 7 到 17 个单位降至不到 1 个单位，总磷含量也下降到原来的 1/15 ~ 1/5。

（2）温带富营养化湖泊生态调控过程

在湖泊生态系统修复前，工作人员应掌握湖泊过去、目前的环境状态和营养负荷，仔细考虑应采用什么方法，并确定合适的解决方法。下面列出了富营养化温带湖泊生态系统修复推荐采用的操作过程。

1）现状测定。通过用地区系数模型或直接测定可确定每年的氮、磷负荷。通过经济合作与发展组织（OECD）模型，能够计算出湖泊的磷含量并和平均营养浓度的实际测量值进行比较。管理者可以应用校正过的 OECD 模型（浅水湖、深水湖或水库）或者本地湖泊的经验模型。

2）控制污染源。如果以目前的外部负荷为基础计算 TP，结果会比实际浓度高 0.05 ~ 0.1 mg/L（浅水湖 <3 m）或 0.01 ~ 0.02 mg/L（深水湖 >10 m）。控制污染的第一步是减少外部的磷输入点源，这可以通过降低肥料用量建立沟渠以改变漫流状况、构建湿地和改进废水处理等实现。在总磷浓度比较高且总氮负荷较低的浅水湖中，由于过去的污水排放或者自然条件的原因，在 TP 浓度较高时湖水也可能很清澈。在深水湖中，氮补偿分解似乎与氮固定相抵消，结果使得藻氰菌占据优势。

如果已经达到了足够低的外部负荷，但湖泊仍处于浑浊状态，可以采取一些措施，以进一步减少外部负荷，实现水质的长久改善。

3）富营养化治理。如果测定的总磷浓度 TP 比 OECD 模型或本地模型计算的关键值高很多，并且在生长季节 TP 有规律地升高，说明内部负荷比较高。如果深水湖的 TP 超过 0.05 mg/L，浅水湖超过 0.25 mg/L，仅通过生物管理难以实现长期作用。这种情况应考虑采用物理化学方法，如在浅水湖中可采用沉积物削减或用铁盐、铝盐进行处理；在深水湖中可采用底层湖水氧化法，再结合化学处理。

如果 TP 浓度在浅水湖中接近 0.1 mg/L，深水湖中接近 0.02 mg/L，鱼类密度较高并以底栖食草性鱼类为主，叶绿素 a/TP 较高时，可以采用生物管理方法。如果在浅水湖中，采用其他的生物措施也可行。若大型蚌类出现但不能定居，可以考虑从邻近的湖泊或河流中引进。

如果外部负荷超过上述范围，削减营养物负荷就存在经济或技术上的问题。若要改进环境状态，除运用上面提到的方法外，还需要做后续的持续处理。

如果大型沉水植物的生物量过大，则推荐每年进行部分收割，当然也可选用生物控制，如鲤科鱼类或食草昆虫（如象鼻虫）。

6. 湖泊生物操纵管理措施

在对湖泊进行生物操纵管理之前，应该对所选用的方法进行理论和应用方面的全面评价，建立适当的组织和管理设施，并制定出详细的工作计划以实现管理目标。生物操纵规划阶段还应详尽地征求渔业所有者和公众的意见。此外，应防止肉食性鱼类和其他有价值的物种从未管理区迁徙进入管理区，这是管理规划的一个关键点。对于一些需削减鱼群的湖泊，还应做好必要的准备工作，包括捕捞运输和最终使用归宿等。对于大型湖泊而言，其管理规划必须要有经验的专业渔民参与，因为他们拥有捕捞、运输鱼类的技术和必要的设备及器具；对于小型湖泊而言，当地居民的参与比较重要。由于捕鱼和生物操纵对鱼类群落的影响是不断随时间和具体情况变化的，因此，对湖泊进行实时、连续监测很重要，这样，管理者可以根据管理目标的状态来不断调整管理策略，进而找到合适的方法进行湖泊的修复与管理。

（1）确定湖泊鱼类削减量

鱼类削减对于湖泊生态系统修复十分必要，只有确定足够的鱼类削减量，才能保证削减作用长期有效。在一些成功的项目中，削减量至少为湖泊生物量的 70% ~ 80%，达到每公顷几百千克。一般而言，削减目标是使湖中的生物量降低到 5 kg/hm^2。若湖中留下的鱼仍未成熟，那么目标值就需进一步减小。

利用电子捕鱼法定点采样效率高、花费低，因此，可以用电子捕鱼法分析不同湖泊中的物种丰富度。这种方法适合取样量较大和分层随机取样的情况，有利于结果的分层次分析。鱼群密度可以通过在垂直区域用拖网捕捉调查估计，对深水湖可以采用综合采样或声学方法，如在海岸区可以采用垂直和水平回声法。而对于一些重要物种如胡瓜鱼只能用捕捉法或回声法探测。对于物种较少的小溪常常采用传统的再标记法。通过对鱼类削减数据的分析可以对目标的精确度进行控制。监测方法的联合采用可以判断当湖水转向清水状态后物种行为改变的原因，或者判断 CPUE（单位捕捞努力量渔获量）是否真正发生改变。

（2）鱼类管理的技术与策略

在湖泊的修复过程中，若想要使鱼类管理的效率最大化，那么掌握目标湖泊中鱼类物种的细节知识是十分必要的。尤其需要加强对幼年鱼类的控制和评价，因为它们可能对水质产生更大的影响。但一般湖泊中的幼年鱼群不能被商业捕鱼工具所削减，因此需要采用更小网眼（10 ~ 20 mm）的工具。食鱼类鱼群的保留可以作为管理的后续措施。目前，与食鱼类保留综合运用或单独的鱼群削减已经成为主要的湖泊生态系统修复策略，尤其在欧洲的湖泊中应用极多。

（3）主动工具与方法

在温带湖泊中，对秋季和冬季聚集的鱼类进行主动捕获是最重要的鱼类削减方法。这一方法可以选择不同年龄组的鱼群，也可以选择不同目标鱼类。幼年鲤科鱼在夏季分布在沿岸带，在秋冬季会聚集在沿岸带边缘、支流处和船桥下，或者聚集在浅水湖、深水湖滩中的自然或人工鱼巢中。削减鱼类时，人们在浅水湖常常采用电子捕鱼法或者渔网，在深水湖则采用远洋拖网或渔网。

（4）被动工具与方法

采用被动工具对在湖泊盆地及沿岸带植被不同生境中进行昼夜、季节性迁移的鱼类进行捕获，切实有效。这些鱼类的洄游时间和地点可被人们准确预测，使用渔网或长袋网在其洄游途中或产卵地能将它们捕获。人工捕捉设施在产卵时间过后被移走。另外，适当的人工水位调节可以防止目标鱼类产卵及其受精卵的发育。如果网眼足够小，许多包括其幼体在内的鱼类都可被削减。因此，夏季时在沿岸带区域和在发生昼夜水平迁移的沿岸带到湖沼带间的区域内都可以用小型长发网捕获鱼类。在封闭与其他湖泊的迁移通道或坝前时，也可用这种小型渔网或长袋网削减聚集的鱼群。此外，小湖中选择性地捕获鱼类大多用刺网。

（5）扩大食肉鱼类种群

扩大食肉鱼类种群的方法是采取相应的生境管理措施（如曝气或岸线管理）及在湖泊或池塘中培育鱼苗。欧洲湖泊中食肉鱼类储备比北美的效果差一些。但最近的例子表明，欧洲一些湖泊中，即使食肉鱼类在湖泊中占据优势地位，也不能阻止鲤科鱼类的扩张，这种现象在缺少大型植物的湖泊中尤为明显。此外，若要保留梭鲈或白斑狗鱼，需要在捕捞时选择适当大小的渔网。

（6）鱼类管理的费用

由于各种因素的影响，削减单位质量的鱼类，会产生较大的费用波动。一般来讲，采用袋网或围网捕鱼比刺网费用低，小湖比大湖的费用高。渔网、长袋网和当地渔民的一些自制工具，价钱便宜，同时又很实用。特别在小湖中，削减鱼类主要依靠当地经验丰富的渔民。

（三）河流生态系统的修复

1. 人类对河流生态系统的影响

在人类对河流生态功能不断认识、有关河流理论发展不断成熟的同时，世界上多数河流生态系统正在或已经遭受人类活动的严重破坏。大规模的工农业生产、采矿业及为防洪航运等进行的蓄水和修建水库等活动，对原本健康和完整的河流系统产生了极大的负面影响。到20世纪初期，世界上几乎没有一条完整的自然河流。

对河流的众多影响中，以防洪、农灌、航运和公路、铁路建设为目的的渠道化工程建设为最大。这些工程常常对河流截弯裁直，同时为了保证水流畅通，采取拓宽河道等做法，人为地使河流系统均一化，严重降低了河流系统的抗干扰能力。对于改造后的河流系统，原本在自然状况下沉积于河漫滩的冲积物会沉积于河道内部，这暗示着河流系统自身会不断向自然体系修复，尽力维持一种可持续状态。但一些渠道化的河流还在不断地由人类来“维持”，像清淤、疏通河道等。这样就严重抑制了河流的自然修复，整个生态系统的弹性不断下降，可持续状态难以持续。

河流建设项目对环境冲击和影响的内容较多，并且考虑到极复杂的水流情况，所以其影响范围不仅会局限于当地，还会波及其上下游地区，而且，河道内外的潜在生态影响会彼此重叠。

2. 河流生态系统修复的理论依据

（1）生态学基础

随着科技的进步和社会生产力的提高，人类虽然创造了前所未有的物质财富，推进了文明发展的进程，但与此同时，人类正以前所未有的规模和强度影响着环境，损害并改变了自然生态系统，使地球生命支持系统的持续性受到严重威胁。修复和重建受损生态系统已经成为当前全社会面临的首要任务。在这种背景条件下，20世纪80年代发展起来的修复生态学、景观生态学和流域生态学为受损水生生态系统修复与重建提供了坚实有力的理论基础。

淡水生态学、系统生态学和景观生态学之间的交叉产生了流域生态学。它以流域为研究单元，以现代数理理论为依据，研究水体间的信息、能量、物质变动规律、流域内的高地、河岸带等。流域是指一条河流（或水系）的集水区域，是一个由分水线所包络的相对封闭的系统，河流（或水系）可从这个集水区域中获得水量补给。流域是一个异质性区域，由不同生态系统组成，包括水系及其周边的陆地。从尺度上讲，流域生态学属于宏观生态学的研究领域。

流域生态学研究包括如下主要内容：

1）流域景观系统的结构（不同生态系统或要素间的空间关系，即与生态系统的大小形状、数量、类型、构型相关的能量、物质和物种的分布）、功能（空间要素间的相互作用，即生态系统组分间的能量、物质和物种的流动）和变化（生态镶嵌体结构和功能随时间的变化）。

2）流域形成的历史背景（古地理和古气候）及发展过程。

3）流域内主要干、支流的营养源与初级生产力，干、支流间的能量、物质循环关系及其规律，流水与静水生境之间营养源和能源的动力学研究及江湖阻隔的生态效应。

4）流域生物多样性测度、生态环境变化过程对流域景观格局（如水生、陆生及水陆交错带生物群落和物种）的影响与响应。河流生态系统形成、结构、功能等的研究是流域生态学的一个重要内容，其中，水陆交错带的研究是河流带生态修复与重建研究的基石。

（2）河流的生态机能理论

在河流生态系统的水文、水化学和光合作用三者共同作用下形成了河流的基本结构和动力学特征。随着自然条件的逐渐变化，河流中植物群落在集水区横向、下游的分布及生产力均会随之改变。除集水区上游水体内生物源（本地源）以外，还有其他来自陆地植被（外来源）的物流输入，且通过上游有机物质交换后的物质均会汇集到集水区，继而导致其下游物理环境中可利用生境的显著变化。有关河流系统的生态机能主要有以下三个理论。

1）河流连续统理论 RCC（River Continum Concept）。河流生态学研究中的河流连续统理论已被人们普遍接受。由源头集水区的第一级河流起，河水向下流经各级河流流域，形成一个连续的、流动的、独特而完整的系统，称为河流连续统（river contium）。河流连续统理论认为河流生态系统内现有的和将来产生的生物要素随着生物群落的结构和功能而发展变化，常表现为一种树枝状的结构关系，归类于异养型系统，其能量和有机物质主要来源是地表水、地下水输入中所带的各种养分及相邻陆地生态系统产生的枯枝落叶。相比之下，自身的初级生产力所占比例仅为 1% ~ 2%。它不仅为许多动植物提供了栖息场所，也成为高地种群迁移等生命活动必不可少的景观因素。同时，Minshall 等人针对有机物源的时空性、无脊椎动物群落的结构和河流流向上源的分离，提出了有关量级和变化参数的各类概念，研究者需要对此有深刻的认识和理解。就局部变量而言，河流连续统理论可作为响应变化和进行适度修改的最佳模型，并可指导某些有关激流生态系统的研究工作。但是，河流连续统理论不适合应用在研究低河槽河段内发生的各类现象。它只适合永久性的激流生态系统的研究。强烈的河流漫滩效应会对 RCC 预测中的纵向模型有较大影响。而且，水文几何学和支流处生境会掩饰一些河流的“连续统”现象。可见，河流连续统理论最适用于小、中型的溪流以及人工调控严重、缺少河流漫滩效应的河流。有关河流系统纵向模型的其他理论主要有系列不连续理论（Serial Discontinuity Concept）和源旋转理论（the Resource Spiraling Concept）。

2）洪水脉冲理论 FPC（Flood Pulse Concept）。具有漫滩的大型河流，洪水每年从河流向漫滩发展。洪水脉冲理论的中心是：影响河流生产力和物种多样性的一个关键因素是河流与漫滩之间的水文连通性。河岸带控制着生物量和营养物的循环和横向迁移。平水或枯水期，河岸带陆生生物向河漫滩发展延伸；洪水淹没期，河漫滩适合水生生物生长与繁殖。洪水脉冲优势通常被定义为变流量河流（有洪水脉冲）每年鱼类总数大于常流量河流所具有鱼类总数的程度。

3）河流水系统理论 FHC（Fluvial Hydrosystem Concept）。从生态学角度来看，河道、漫滩是河流生态系统横向上的重要组成部分，中等生境具有缀块结构，在地貌学上被称为功能区（Functional Sets），具有极其丰富的生物多样性。其主要包括流水河道、河漫滩、沙洲和废弃河道。河流生态系统的标志性特征是会产生季节性洪水。在每一个功能区内，洪水不仅提供了河流特定的水化学基础和水动力，而且可以定期地重新调整生物发育的物理模板。为了更好地描述有关河流结构与功能连通性特征，Petts 与 Amoros 在 1996 年提出了河流水系统理论。他们认为，河流水系统是一个四维体系，包括河道、河岸带、河漫滩和冲积含水层，纵向、横向和垂直洪流及强烈的时间变化都会对此体系产生影响。此理论强调河流是由一系列亚系统组成的等级系统，包括排水盆地、下游功能扇、功能区和功能单元及其他小尺度生境，它们在各个尺度上都具有水文、地貌和生态方面的复杂联系。

在河流系统“弹性”和“稳定性”概念的基础上，河流水系统理论不仅突出了生态系统的驱动力，同时强调了河流生态系统健康的理念。这里，弹性是指系统在受干扰时维持自身结构和功能的能力；而稳定性是指系统在受干扰之后返回平衡状态的能力。对大规模的洪水干扰，自然河道在发展过程中已具备了适应性。

3. 河流生态系统修复的目标与内容

（1）河流生态系统修复的目标

1）区域目标（Regional Objective）。区域目标从关注人类生活质量出发，实现改善退化河流环境的美学价值与保护文化遗产和历史价值的目标。这样，那些看似无用的环境价值可能成为河流修复工程的目标之一。但有时科学价值和河流的美学价值并不一致。例如，在以娱乐休闲为目标的修复工程中，鉴于基本出发点的不同，策划其他公共目标有一定困难。只有保护目标与运动、垂钓等娱乐休闲活动在经济利益一致的基础上，才更有利于生态修复的启动。

河流生态系统修复可以通过“以河流为荣”的理念，借助社区凝聚力或增强环境意识来实现，也可以直接由区域行动来发起。而且，这些修复往往均以生态目标为导向。在一些项目中，需要进行中心交易（Central Deal），以进行修复项目中的部分替代方案。

2）专项目标（Specific Objective）。专项目标多数由河流管理机构发起。20 世纪 90 年代的里约热内卢全球环境首脑会议指出：河流规划与管理必须在河流环境可持续原则的指导下向生态与保育方向发展。但事实上，生态修复成了许多河流管理的保护伞，人们只采用一些“传统”的河流管理措施。一个典型例子就是河流的防洪工程。河滩地的再淹没、重建河岸林与蓄水池等一系列措施，虽然既可以修复湿地生境，又有利于下游区域抵抗洪灾，但这些措施基本上与人们长期形成的河流保护观念相悖，因而实施起来很难。目前，河流修复的专项目标还包括减少有关淤泥维护费用，减少河道系统的不稳定性和改善水质（DO 含量）等措施，这些目标往往与生态效益相关。举例来说，新型河流管理战略不仅有利于减少河床细沙含量，还能进一步改善鲑鱼属鱼类的产卵环境。但这些生态改善措施仅仅是河流生态系统修复众多目标中的冰山一角。

3）生态目标（Objective for Ecological Improvement）。河流生态系统修复目标样式繁多，为平衡各项目标，必须产生一个“折中”目标。只有从生态角度出发，才能确立有效改善河流功能的整体目标，也只有这样，才能改善河流生物多样性、动植物群落和河流廊道。因此，明确目标动植物群落生存发展所要求的物理生境条件，是确定生态目标的一个关键因素。包括了解不同发育阶段的生境需求，掌握与目标物种有依赖或共生关系的物种的生境需求及对目标物进行深层次的鉴定。以上鉴定工作有助于地理学家和工程师借助于河流生态系统现状特征做出可持续的河流生境规划。而且，这一规划可以作为河流防洪、改善娱乐休闲空间等河流管理目标的重要框架。

（2）河流生态系统修复的主要内容

一般河流生态系统修复的目标主要包括河岸带稳定、水质改善、栖息地增加、生物多样性的增加、渔业发达及美学和娱乐，以期河流能够更加自然化，这是修复工程的一个最普遍的目标。不同国家由于经济发展水平的差异，河流受到人类干扰的程度不同，因此，生态修复的目标也不相同。Nienhuis 和 Leuven 认为河流生态系统修复是一项很奢侈的行为，发达国家还可能实施，其河流修复目标一般包括农业、渔业、河流自然化发展和防洪 4 类，而一些贫困国家完全不可能实施。国外的众多河流以将水体重建、河流的水文循环修复、使鱼类和底栖无脊椎动物回到河流实现河流生态系统完整性作为生态修复的目标。倪晋仁和刘元元将河流修复目标分为 2 类：河流污染治理目标和生态修复目标。他们认为我国河流生态系统修复以改善受污染河流的水质为目标，尚不能完全实现生态修复的目标，这为我国今后河流修复的发展指明了方向。

河流生态系统修复的主要内容有：河道的整治修复，河口地区的修复，河漫滩、河岸带的修复，湿地的修复等，其依据是河流生态系统的组成。不同生态修复方法对应着不同的河流修复内容，同时应考虑工程建设对环境影响的内容和程度不同而进行适当的调整。

而且，还要认识到工程建设必然会对环境产生冲击，应当重视生态修复对自然营造力的适宜度，不能强行修复，只有依靠自然规律来维持和发展才能达到最佳效果。

1）河道的整治修复。目前，中小河流的整治一般采取顺直河道、加大河宽、疏挖河床、修建护岸工程和提高防洪的安全度等措施。其结果是：项目建设区域内珍贵植物消失，河宽增加导致水深减少，深潭及浅滩消失或规模缩小，河床材料单一化、断面形状单一化导致流速单一化，滞流区减少，滩地的平整和自然裸地减少等。与此同时，河床坡降的改变使泥沙的输送形态和输送量都发生变化，进而可能影响到上下游的栖息地。为了削弱河流整治的负面影响，在确定滩地高程时，应考虑洪水脉冲频率及水深；在选择河床坡降时，要考虑其对河流冲淤的影响等；在河道整治线的选择上，应考虑项目区域是否需要保留原有大型深潭的弯道、是否有重要的生物栖息地，并采取一定措施保护现存河畔林及濒临灭绝物种（可迁移进行异地保护）等。

例如，为营造出有利于鱼类生长的河床，在日本常将直径 0.8 ~ 10 m 大小的自然石经排列埋入河床造成深沟及浅滩，形成鱼礁，这种方法被称为植石治理法或埋石治理法。植石治理法适用于河床比降大于 1/500，水流湍急且河床基础坚固，遇到洪水植石带不会被冲失，枯水、平水季节又不会产生沙土淤积的河道。另一种常用方法为浮石带治理法，适于那些河床为厚沙砾层、平时水流平缓而洪水来势凶猛的河床治理。这是一种将既能抗洪水袭击又可兼作鱼巢的钢筋混凝土框架与植石治理法相结合的治理法。

2）河口地区的修复。由于对河床的疏挖造成盐水上溯，所以鱼类产卵场减少，盐沼面积减少甚至消失，这些都是人类对河口地区生态环境造成的严重影响。据估计，在东英格兰沿海岸艾塞克斯的黑水河口，横向盐沼侵蚀大约以每年 2 m 的速度向前推进。其主要原因之一就是坚固的海岸堤防阻止了河口沼泽地向陆地的迁移，即“海岸挤压”。拆除这些现有人工海岸堤防从生态和经济角度来讲是十分合理的。英国黑水河口地区于 1991 年进行了海岸堤防重建的试验工程，以此来修复盐沼，建设自然“软”堤防。从自然角度和国际角度来讲，这种修复工程十分有益于鸟类保护。目前，英国国家河流管理局、英国自然署、国家信托基金会及主要的防洪投资者 MAFF（包括农业、渔业、环境、食品和农村事务局等）等部门已经相互合作来发展类似的修复和管理工程。此外，英国还建立了“黑水”交流会，用以鼓励艾塞克斯海岸的实践者和投资者，并不断与来自美国、澳大利亚的专家进行交叉学科和相关技术的经验交流。

日本北海道改造工程在九州地区遭受巨大洪灾后开始实施，改造工程严重影响到河口地区环境。例如，河道滩地削低后外来植物对裸地的大规模入侵，河床疏挖后盐水上溯修筑堤防导致盐沼减少，人工堤（混凝土衬砌）造成景观质量的下降，建筑物对滨枣（即黑枣）等植物的影响等。为了保护生态环境，当地政府针对以上问题，采取了以下基本治理对策：移植芦苇防止外来物种侵入、向其他合适地区移植滨枣、有控制地进行河床疏挖、采用特殊堤防使遭受破坏的湿地面积最小、人工堤防的景观设计要与现有景观相和谐等。

3）河漫滩、河岸带的修复。作为河流的主要结构，河漫滩与河岸带起着重要的作用。

但人类开发、河流改造等，严重破坏了这两类有机结构，取而代之的是笔直的河道和零星的人工植被。河岸带的改变和河漫滩的消失造成了洪灾、水质恶化和生物多样性减少等问题，这也证明了修复河漫滩、河岸带的必要性和重要性。

4）湿地的修复。衬砌河道、河流截弯取直等措施，虽然提高了防洪安全度，但极大地缩小了河流多重有机结构（如湿地、深潭及浅滩等）的规模，甚至使其消失，因而河流自身的防洪功能得不到发挥。湿地作为河流生态系统的主要结构，在河流生物、景观多样性及生态功能方面发挥着不可替代的作用。

4. 河流生态系统修复的原则、方法与存在的问题

（1）河流生态系统修复的原则

河流生态系统修复需要在遵循自然发展规律的基础上，借助人类的作用，考虑技术适用性、经济可行性和社会能否接受的原则，使退化生态系统重新获得健康，是有益于人类生存与生活的生态系统重构或再生的过程。任海等认为生态修复的原则一般应包括自然法则、社会经济技术原则和美学原则三个方面。自然法则是生态修复与重建的基本原则，也就是说，只有遵循自然规律的修复重建才是真正意义上的修复，否则只能事倍功半。社会经济技术原则是生态修复重建的基础，在一定尺度上制约着修复重建的可能性、水平与深度。美学原则是指退化生态系统的修复重建应给人以美的享受。

1)河流生态系统修复的基本原则。为适应河流管理的可持续发展,实现河流管理的“生态化”，河流修复必须不断减轻河流“压力”，不断改善河道、河岸带或河流走廊及河滩地的结构和功能。Scheimei 等人提出河流生态系统修复必须遵循以下基本原则。

①河流生态学原则（River Ecological Principle）。河流生态系统修复必须以河流生态学理论为基础，如河流连续统理论、洪水脉冲理论与河流水系统理论等。各种方法的关键在于理解河流地形学、水文学与河流生态系统发展之间的关系。河流系统在地形、水文方面的长期变化会渐渐影响群落的各个组成，从而导致群落优势种、相关度和丰富度及产量的大幅度改变。在此期间，若没有灾难性的种群变化，溪流的动植物群落将会不断发展，经历各种间断性干扰而存活下来。在受干扰的集水区内，由于环境条件发生了相当大的变化，非干扰集水区相关的高生物整体性和连通性也将会改变。因此，从河流生态学角度来讲，只有不断增加河流—河滩地之间的相互作用，才能改进河流沿岸的水文连通性和生态环境。

②生态系统 / 格局导向原则（Ecosystem/Process Oriented Principle）。河流生态系统修复应该在生态系统 / 格局水平上进行，应忽略生态系统边界的影响，对特定生境或具有特定物种的生境进行修复，不能仅仅以物种修复为中心。在历史上，不论是直接的还是间接的河流修复计划，多数都在保证其他生物生境的假设下，以渔业、商业为目标。但是，这样的修复计划是不可能成功的，因为生态修复需要整体规划思想来改善河流系统纵向和横向的连续性。如果河流功能连续性能被成功修复，那么生物多样性就会随之增加。

③自然原则（Let-alone Principle）。河流生态系统修复基本上应能促进河流的水文和地形方面的功能，即“让河流实现其价值”。这一原则要求一种综合方法，也就是说一种

可模仿自然的最经济最有效的措施，这同样要求工作人员要对河流水文、地理和生态机能有充分的理解，而且只有通过多学科合作的方法才能有效达到修复目标。目前，一些生境修复与改善方法正在实践阶段。

2）河流修复的实践原则。笔者认为，在河流生态系统修复与重建实践中，以下具体原则对于河流生态系统修复与重建十分重要。

①多目标兼顾原则。河流是人类文明的发源地，已被认为是城市中最具生命力与变化的景观形态、最理想的生境走廊和最高质量的城市绿线。因此，拆除防洪工程并非河流生态系统修复的目标。河流生态系统修复规划必须以实现滨水区多重生态功能作为主导目标，在了解河流历史变化与河流系统内地貌特征之间相互关系的基础上预先掌握河流的变化，运筹帷幄，瞻前顾后，建立完善的河流生态系统来改善水域生态环境，实现河流生态系统的防风护城，提供亲水性与娱乐休闲场所和增加滨河地区土地利用价值等功能，从而充分发挥城市滨水区的生态作用，以适应现代城市社会生活多样性的要求。

②系统与区域原则。河流生态系统的形成和发展是一个自然循环（良性和恶性）、自然地理等多种自然力的综合过程。若不能从系统角度来改善河水流量、冲积物侵蚀、转运和沉积等有关功能，不能充分考虑上一级河流结构的规则，那么，即使对“自然化”河道进行生境结构改善，较低级的生态修复目标也可能很难实现。即使实现了，也可能是不可持续的。例如，对一条高度渠道化的河流进行乡土河岸带植被的修复往往是很难成功的。其原因在于其水生—陆生交替生境被严重损害，而且河岸带水流受到严重干扰，植被根本无法扎根生长。可见，物理生境的系统修复可以为景观生态改善和乡土动植物再植提供基础。从长远角度看，高层次的修复目标往往可以改善低层次的修复目标。因此，河流生态系统修复与重建规划不仅应服从上级流域规划与总体规划的要求，而且还应对上级规划中存在的不足和缺陷进行反馈与修改，以更好地实现整个流域系统功能的修复。

③资源保护的原则。河流生态系统功能发挥的好坏，很大程度上取决于河流水系与河岸带等结构是否完整。因此，河流生态系统要贯彻资源保护原则，保护两岸现有水系、湿地、漫滩及河岸带等资源。

④景观设计生态原则。要依据景观生态学原理，保持河流的自然地貌特征和水文特征，保护生物多样性，增加景观异质性，强调景观个性和自然循环，构架区域生境走廊，实现景观的可持续发展。

⑤尊重自然、美学原则。在修复过程中，要在满足防洪的前提下，保留原河道的自然线形，运用自然材料和软式工程，强调植物造景，不主张完全人工化。更要避免截弯取直，防止留有大量的生硬的人工雕琢痕迹。

⑥可持续发展原则。河流生态系统中的生物多样性是河流可持续发展的基础。因此，河流生态系统修复规划应注重生物的引入与生境的营造，需要将目标物种与控制河流的基础地貌格局紧密联系起来，并充分理解它们之间的关系。“格局—形—生境—生物”群落组成连续统一的整体，为河流修复明确了一种等级梯度结构，并暗含了上述有关河流生态

机能的观点。

（2）河流生态系统修复的方法

河流生态系统修复措施主要包含：工程措施，如生态堤岸、生态河道、越冬场、育幼场、人工湿地和人工产卵场、洄游通道，以及河道内增氧曝气等。生物措施，如动物生态修复措施、植物生态修复措施、生物增殖和放流技术等。综合措施，如微生物修复与生态河道、生态堤岸的结合，微生物修复与植物、动物修复的结合，河道内生态修复与河道外湿地修复的结合，生态、生物修复与保育、管理措施的结合，陆地水土保持、生态修复与河流生态系统修复的结合等。

（3）河流生态系统修复存在的实际问题

尽管以上理论得到了人们的认可，但是，在修复的实践过程中，理论与实际常存在较大的差距，这主要是因为人们对河流生态系统认识的局限性。目前，如下观点尚存在较大争议。

1）稳定静止观点。有些学者认为每条河流都具有稳定、静止的河道形态。但事实上，无论是低地黏土溪流的极慢流动，还是高流量河道洪水期水流的快速冲刷，所有河流河道都在进行着实时变化。例如，干旱区或陡峭、湍急区段的一些河流自身稳定性较差，特大洪水来临时河道易被拓宽；在浅流年份和下一次特大洪水来临之间，被拓宽的河道又会逐渐变窄。

此外，立足于生态角度，这些学者还认为稳定河道优于不稳定河道。但是，上述洪水间隔干扰更有利于大多数河流系统中的乡土动植物区系，甚至是河道变化，其原因在于中度干扰可以丰富生物多样性。洪水消失后，自然状态下变化的流量被稳定、确定的流量所代替，这为大量外来鱼种提供了更便利的生境。如美国密西西比河 Garrison 大坝修建之后，河流下游河岸带植被的早期演替和开放的砾石鱼巢也基本消失殆尽。因此，动态河流具有更高的生态多样性，而且生态多样性主要受洪水冲刷漫滩的宽度和变化的影响。这样，河道的裁直、加宽与为防止河道迁移建设的防湾护墙都大大削弱了河流的生态功能。从生态学角度来看，一条静止的河流毫无价值，但是，在城市内人类常常被基础设施所约束，仅从人类角度出发来限制河流的活动。

2）非过程作用观点。具有非过程作用观点的学者忽略了集水区过程河道修复形态的可持续性。但是，由于表型决定于功能，不考虑过程作用的修复很难实现可持续性。河流流量与沉积物的转运机制可以明确地被冲积河道（即河床与河岸由河流沉积物组成的河道）的形态与规模所反映，也就是自变量随河道几何形态变化（因变量）而变化的关系。若流量或沉积物负荷发生变化，河流形态将会随之发生变化。例如，冲积河道峰流量的增加会侵蚀河床与河岸，从而改变河道的大小。因此，修复河流与河道的先决条件是人们充分理解河流过程，需要在流域尺度上来研究河流，而且需要掌握与当前河流状况类似的历史上河流的变化过程。利用湿地生态系统处理污水的方法已在实践中得到应用，我国就是个典型的例子。结果证明，在同等的污水处理效果上，湿地污水处理系统的基建投资和运行费用都相对较低，且具有一定的生态效应。

湿地在涵养水源、调蓄洪水和维持区域水量平衡中也具有重要的功能。大量持水性良好的泥炭土和植物分布在湿地中，能在短时间内蓄积洪水并在相对长的时间内将水分释放，最大限度地避免水灾和旱灾，这些是蓄水防洪的重要手段。此外，湿地区域的小气候能被大量植物蒸腾及水分蒸发作用所调节。

湿地具有生产功能，能够为人类提供丰富的动植物产品。对湿地进行排水后用于农业、林业生产可以获得很好的收成，或者可以直接从湿地中获取动植物产品（如芦苇等）。另外，湿地还可以为人类提供丰富的泥炭源。

同时，湿地是生物多样性的载体。湿地的生境类型本身就具有多样性，这种多样性造就了湿地生物群落的多样性和湿地生态系统类型的多样性。丰富多彩的动植物群落需要复杂而完备的特殊生境，湿地生态系统所处的独特的生态位恰好实现了这一目标，因而对野生动植物的物种保存发挥着重要作用。其特殊生境的重要性特别体现在它是许多濒危野生动物的独特生境，因而，湿地是天然的基因库，它和热带雨林一样，在保存物种多样性方面具有重要意义。

此外，湿地还具有景观价值，能够为人类提供旅游、休憩的场所。

（四）湿地的生态修复

1. 人类对湿地生态系统的影响

湿地曾经被认为是无价值的，甚至一度被视为引起疾病或令人不快的危险地带。过去几十年世界各国均花费了很大的人力、物力来改变这种观念，阻止人们对湿地的破坏。湿地丧失和退化主要包括物理、生物和化学三方面的原因。它们具体体现在以下几个方面：筑堤分流等切断或改变了湿地的水分循环过程；建坝淹没湿地；围垦湿地用于农业、工业、交通和城镇用地；过度砍伐、焚烧湿地植物；过度开发湿地内的水生生物资源；排放污染物；堆积废弃物。此外，湿地结构与功能还受全球变化的潜在影响。

尽管有一些自然机制（如洪水冲刷）使一部分湿地得以修复，但是某些人类活动（如城市化或工业化进程）已经对湿地造成严重的、有时甚至是根本性的破坏。

2. 湿地生态修复的目标与原则

被破坏之前，湿地的状态可能是湿林地、沼泽地或开放水体，湿地修复的决策者很大程度上决定了将湿地修复到何种状态，也取决于湿地生态修复的计划者对干扰前原始湿地的了解程度。在淡水湿地的生态修复过程中，因为湿地重要环境因子之间错综复杂的关系，人们往往缺乏足够的认识，也无法对湿地中各种生物的栖息地需求和耐性进行完全的统计，因而原有湿地的特性往往不能被修复后的湿地完全模拟。另外，先前湿地的功能不能被有效地发挥，主要是因为在种种因素作用下，修复区的面积通常会比先前湿地面积小。因此，不得不说湿地修复是一项艰巨的生态工程，要想更好地完成淡水湿地的生态修复就需要全面了解干扰前湿地的环境状况、特征生物及生态系统功能和发育特征等。

（1）湿地生态修复的目标

由于早期湿地受人类活动的干扰（如伐木、森林开垦），以及随之而来的（诸如周期性的焚烧和放牧等）开发活动，很难评价湿地的自然性。因此，在没有自然湿地原始模型的情况下，修复“自然湿地”是不可能的，但这些经人类改造后的湿地可以被修复到一种接近或类似早期自然状态时的状况。对于湿地的自然状态，它固有的环境特征和水供给机制，对确定其修复的目标和状态帮助明显。例如，洪泛平原湿地拥有自然波动的水平衡，在此类湿地进行修复时就不能将其修复为永久湿地。反之，那些需要修复为永久性湿地的地带，不能将洪泛平原作为选址模板。

湿地的修复是把退化的湿地生态系统修复成健康的功能性生态系统，这一过程是通过人类活动实现的。生态修复的目标一般包括四个方面：生态系统结构与功能的修复、生态环境的修复、生物种群的修复及景观的修复。作为一种特殊的生态系统，湿地的生态修复主要侧重于特殊生境与景观的再造、适宜的水文学修复、沼泽植物的再引入与植被修复、入侵物种的控制和物种多样性的丰富等。按照生态系统与群落的次生演替理论，退化生态系统在足够的时间条件下都有自我愈合创伤的能力。若生态胁迫得以削减或消失，它们都能修复到原来的状态。但是，实际上很多生态修复工程都被人工干预，其目的是创造有利于生态系统修复的生态条件，进而加速生态修复进程。退化湿地生态系统所面临的生态胁迫不一样，其生态修复设计的总体思路及其必须解决的问题也不一样。

1）修复湿地功能。对人类社会而言，湿地具有很多“服务功能”，特别是有助于小区域甚至全球范围内生态环境的改善和调节。例如，湿地有助于控制水资源供给和调控河流洪水与海洋侵蚀。泥炭积累型湿地对全球碳循环和气候变化具有十分重要的意义，是因为它是大气中二氧化碳重要的汇集地。但这些功能的发挥在很大程度上依赖于湿地保护及其功能的维持，因此需要修复湿地生态系统。

此外，湿地还具有很多经济功能。通常通过修复措施进行排水可提高湿地内畜牧业产值、增加林业和泥炭的开采量。而一些没有排水或只有部分排水设施的湿地只能支持低密度放牧，有时只能为收获性产品（如芦苇）提供可更新的资源。这些传统的活动逐渐成为湿地修复的驱动力之一。早期一些破坏性活动（如泥炭开发）为野生生物创造了宝贵的栖息地，陆地泥炭湿地的修复为野生生物水生演替系列（Hydrosere）提供了活力，有时也成为湿地修复的重要目标之一。

2）保护野生生物。以野生生物保护为目标的湿地修复可分为：目标种和群落（Target Species and Community Types）的修复、自然特征（Naturalness）的修复和生物多样性（Biodiversity）的修复。

3）修复传统景观与土地利用方式。从湿地形成与发展来看，目前某些湿地特征是传统的土地利用方式形成的（但当今这些土地利用方式似乎有点“落伍”，例如，夏天收割湿地植物作为沼泽干草）；其他湿地也已被改造成了低湿度的草地。这些景观可被称为“活的自然博物馆”，是湿地修复目标的焦点之一。

目前，中国进行的淡水湿地生态修复尝试包括增加湖泊的深度和广度以扩大湖容，增加鱼的产量，增强调蓄功能；提高地下水位养护沼泽，改善水禽栖息地；修复泛滥平原的结构和功能以利于蓄纳洪水，提供野生生物栖息地及户外娱乐区，同时修复水体的水质；迁移湖泊、河流中的富营养沉积物及有毒物质以净化水质等。目前的淡水湿地修复实践主要集中在沼泽、湖泊、河流及河缘湿地的修复上。

（2）湿地生态修复的原则

据不完全统计，全球约有 860 万 km^2 的湿地，约占地球陆地表面积的 6%。随着社会和经济的发展，全球约 80% 的湿地资源丧失或退化。由于湿地被普遍破坏，当前情况下，人们无法对全部的湿地资源进行生态修复。因此，对湿地资源进行生态修复必须有所选择地进行，并遵循一定的原则。

1）优先性原则。对淡水湿地的生态修复应该具有选择性，有针对性地从当前最紧迫的任务出发。应该在全面了解湿地信息的基础上，选择生物多样性较好、具有保护价值的湿地，具有代表性的及具有强大生态功能、影响到地区发展的湿地进行优先的生态修复。

2）可行性原则。对淡水湿地进行生态修复必须考虑生态修复方案的可行性，其中包括技术的可操作性和环境的可行性。通常情况下，现在的环境条件及空间范围在很大程度上决定了湿地修复的选择性。现存的环境状况是自然界和人类社会长期发展的结果，其内部组成要素之间存在着相互作用、相互依赖的关系，尽管人们可以在湿地修复过程中人为创造一些条件，但不是强制管理，只能在退化湿地的基础上加以引导，只有这样才能使修复具有自然性和持续性。比如，在寒冷和干燥的气候条件下，自然修复速度比较慢，而在温暖潮湿的气候条件下，自然修复速度比较快。不同的环境状况，修复花费的时间不同，在恶劣的环境条件下，修复甚至很难进行。另外，一些湿地修复的愿望是好的，设计也很合理，但实际操作较困难，所以现实中修复工作不可行。因此全面评价可行性是湿地成功修复的保障。

3）美学原则。湿地具有多种功能和价值，不但表现在生态环境功能和湿地产品的用途上，在美学、旅游和科研等方面也有较好的体现。因此在湿地的生态修复中，应该注重对湿地美学价值和景观功能的修复。如许多国家对湿地公园的修复，就充分注重了湿地的旅游和景观价值。

3. 湿地生态修复的过程和方法

直接修复的方法可应用于湿地的破坏程度相对较小的情况下，但是当湿地环境破坏已经比较严重以至于不能够直接进行修复的时候，必须通过某些方法和技术来重建湿地。通常人们不会完全采用自然演替这种方法进行湿地的再生，主要是因为其过程所需时间过长。不过演替再生可以为淡水湿地的生态修复提供长期稳定的基础，因为它提供了一个比较好的生态修复起点。

进行淡水湿地生态修复很可能要面对一系列不利因素，这些因素来源于湿地外的破坏。湿地的水和营养供给都来源于外部，因此，相对于许多其他栖息环境而言，湿地受外界影响更深。控制整个流域而不仅仅是湿地本身，才能更有效地进行修复。实际上，不同的修复方法适用于不同的湿地，因此很难有统一修复的模式，但是在一定区域内，相同类型的湿地修复应遵循一定的模式。从各种湿地修复的方法中可归纳出如下的方法：修复湿地与河流的连接为湿地供水；尽可能采用工程与生物措施相结合的方法修复；利用水文过程加快修复进度；利用水周期、深度、年或季节变化和持留时间等改善水质；修复洪水的干扰；调整湿地中的有机质含量及营养含量；停止从湿地抽水；控制污染物的流入；修饰湿地的地形或景观；根据不同湿地选择最佳位置重建湿地的生物群落；建立缓冲带以保护自然和已经修复的湿地；减少人类干扰，提高湿地的自我维持能力；发展湿地修复的工程和生物方法；开展各种湿地结构、功能和动态的研究；建立不同区域和类型湿地的数据库；建立湿地稳定性和持续性的评价体系。

（1）湿地生态修复的过程

湿地生态修复的过程常包括净化水质、去掉顶层退化土壤、清除和控制干扰、引种乡土植物和稳定湿地表面等步骤。但由于湿地中的水位经常波动，具有各种干扰，因此在湿地修复时必须考虑这些干扰，并将其作为修复的一部分。与其他生态系统修复过程相比，湿地生态系统的生态修复过程具有明显的独特性：物质循环变化幅度大；兼有成熟和不成熟生态系统的性质；消费者的生活史短但食物网复杂；空间异质性大；高能量环境下湿地被气候、地形和水文等非生物过程控制，而低能量环境下则被生物过程所控制。这些生态系统修复过程特征在淡水湿地的生态修复过程中都应该予以考虑。

（2）湿地生态修复的方法

由于湿地生态修复的目标与策略不同，采用的关键技术也不同。根据目前国内外对各类湿地修复项目研究的进展，可概括出以下几项湿地修复技术：土壤种子库引入技术；生物技术，包括生物操纵（Biomanipulation）、生物控制和生物收获等技术；源、非点源控制技术；土地处理（包括湿地处理）技术；光化学处理技术；废水处理技术，包括物理处理技术、化学处理技术、氧化塘技术；点沉积物抽取技术；先锋物种引入技术；种群动态调控与行为控制技术；物种保护技术等。这些技术中有的已经建立了一套比较完整的理论体系，有的正在发展过程中。在许多湿地修复的实践中，常常实行几种技术联用，并取得了显著效果。在此将从湿地补水增湿措施、控制湿地营养物、改善湿地酸化环境、控制湿地演替和木本植物入侵，以及修复湿地乡土植被五个方面介绍湿地的生态修复方法与技术。

1）湿地补水（Rewetting）增湿措施。短暂的丰水期对于所有的湿地都曾经存在过，但各个湿地在用水机制方面仍存在很大的自然差异。在多数情况下，诸如湿地及周围环境的排水、地下水过度开采等人类活动对湿地水环境具有很大的影响。一般认为许多湿地在实际情况下往往要比理想状态易缺水干枯，因此对湿地采取补水增湿的措施很有必要。但根据实践结果发现，这种推测未必成立。原因在于目前湿地水位的历史资料仍然不完备，而且部分干枯湿地是由自然界干旱引起的。有资料还表明适当的湿地排水不但不会破坏湿地环境，反而会增加湿地物种的丰富度。

但一般对曾失水过度的湿地来讲，湿地生态修复的前提条件是修复其高水位。但想完全修复原有湿地环境，单单对湿地进行补水是不够的，因为在湿地退化过程中，湿地生态系统的土壤结构和营养水平均已发生变化，如酸化作用和氮的矿化作用是排水的必然后果。而增湿补水伴随着氮、磷的释放，特别是在补水初期，因此，湿地补水必须解决营养物质的积累问题。此外，钾缺乏也是排水后的泥炭地土壤的特征之一，这将是限制或影响湿地成功修复的重要因素。

可见，进行补水对于湿地生态修复来说仅仅是一个前奏，还需要进行很多的后续工作。而且，由于缺乏湿地水位的历史资料，人们往往很难准确估计补充水量的多少。一般而言，补水的多少应通过目标物种或群落的需水方式来确定，水位的极大值、极小值、平均最大值、平均最小值、平均值及水位变化的频率与周期都可以影响湿地生态系统的结构与功能。

湿地补水首先要明确湿地水量减少的原因。修复湿地的水量也可通过挖掘降低湿地表面以补偿降低的水位、通过利用替代水源等方式进行。在多数情况下，技术上不会对补水增湿产生限制，而困难主要集中在资源需求、土地竞争或政治因素等方面。在此讨论的湿地补水措施包括减少湿地排水、直接输水和重建湿地系统的供水机制。

①减少湿地排水。目前减少湿地排水的方法主要有两种：一种是在湿地内挖掘土壤形成堤岸以蓄积水源；另一种方法是在湿地生态系统的边缘构建木材或金属围堰以阻止水源流失，这种方法是一种最简单和普遍应用的湿地保水措施，但是当近地表土壤的物理性质被改变后，单凭堵塞沟壑并不能有效地给湿地进行补水，必须辅以其他的方法。

填堵排水沟壑的目的是减少湿地的横向排水，但在某些情况下，沟壑对湿地的垂直向水流也有一定作用。堵塞排水沟时可以通过构设围堰减少排水沟中的水流，在整个沟壑中铺设低渗透性材料可减少垂直向的排水。

在由高水位形成的湿地中，构建围堰是很有效的。除了减少排水，围堰的水位还比湿地原始状态更高。但高水位也潜藏着隐患：营养物质在沟壑水中的含量高时，会渗透到相连的湿地中，对湿地中的植物直接造成负面影响。对于由地下水上升而形成的湿地，构建围堰需进行认真评价。因为横向水流是此类湿地形成的主要原因，围堰可能造成淤塞，非自然性的低潜能氧化还原作用可能会增加植物毒素的作用。

湿地供水减少而产生的干旱缺水这一问题可通过围堰进行缓解。但对于其他原因引起的缺水，构建围堰并不一定适宜，因为它改变了自然的水供给机制，有时需要工作人员在这种次优的补水方式和不采取补水方式之间进行抉择。

减少横向水流主要通过在大范围内蓄水。堤岸是一类长的围堰，通常在湿地表面内部或者围绕着湿地边界修建，以形成一个浅的潟湖。对于一些因泥炭采掘、排水和下陷所形成的泥炭沼泽地，可以用堤岸封住其边缘。泥炭废弃地边缘的水位下降程度主要取决于泥炭的水传导性质和水位梯度。有时上述两个变量之一或全部值都很小，会形成一个很窄的水位下降带，这种情况下通常不需补水。在水位比期望值低很多的情况下，堤岸是一种有效的补水工具，它不但允许小量洪水流入，而且还能减少水向外泄漏。

修建堤岸的材料很多，包括以黏土为核的泥炭、低渗透性的泥炭黏土及最近发明的低渗透膜。其设计一般取决于材料本身的用途和不同泥炭层的水力性质。但沼泽破裂的可能性和堤岸长期稳定性也需要重视，目前尚不清楚上述顾虑是否合理，但堤岸的持久性必须加以考虑。对于那些边缘高度差较大（>1.5 m）的地方，相比于单一的堤岸，采用阶梯式的堤岸更合理。阶梯式的堤岸可通过在周围土地上建立一个阶梯式的潟湖或在地块边缘挖掘出一系列台阶实现。而前者不需要堤岸与要修复的废弃地毗连，因为它的功能是保持周围环境的高水位。这种修建堤岸方式类似于建造一个浅的潟湖。

②直接输水。对于由于缺少水供给而干涸的湿地，在初期采用直接输水来进行湿地修复效果明显。人们可以铺设专门给水管道，也可利用现有的河渠作为输水管道进行湿地直接输水。供给湿地的水源除了从其他流域调集外，还可以利用雨水进行水源补给。雨水补水难免会存在一定的局限性，特别是在干燥的气候条件下，但不得不承认雨水输水确实具有可行性，如可划定泥炭地的部分区域作为季节性的供水蓄水池（Water Supply Reservoir），充当湿地其他部分的储备水源。在地形条件允许的情况下，雨水输水可以通过引力作用进行排水（包括通过梯田式的阶梯形补水、排水管网或泵）。潟湖的水位通过泵排水来维持，效果一般不好，因为有资料表明它可能导致水中可溶物质增加。但若雨水是唯一可利用的补水源，相对季节性的低水位而言这种方式仍然是可行的。

③重建湿地系统的供水机制（water Supply Mechanisms）。当湿地生态系统的供水机制改变而引起湿地的水量减少时，重建供水机制也是一种修复的方法。但是，由于大流域的水文过程影响着湿地，修复原始的供水机制需要对湿地和流域都加以控制，所以这种方法缺少普遍可行性。单一问题引起的供水减少更适合应用修复供水机制的方法（如取水点造成的水量减少），这种方法虽然简单但很昂贵，并且想保证湿地生态系统的完全修复仅通过修复原来的水供给机制不够全面。

2）控制湿地营养物。许多地区的淡水湿地中富含营养物质都是由于水流的营养积累作用（特别是农业或者工业的排放）造成的。营养物质的含量受水质、水流源区及湿地生态系统本身特征的影响。由于湿地生态系统面积较大，对一个具体的湿地而言，一般无法预测营养物质的阈值要达到多少才能对生态修复的过程起到决定性作用。但是对于水量减少的湿地而言，鉴于干旱，沉积在土壤里的很多营养物质会被矿化。矿化的营养物质会造成土壤板结，致使排水不畅。各类报道表明排水后的湿地土壤中氮的矿化作用会增加，相反，磷的分解吸附速率及脱氮速率可因水位升高而加快。这种超量的营养物积累或者矿化可能对生态修复造成负面的影响。因此，湿地系统中的有机物含量需人为进行调整，通常情况下是降低湿地生态系统中的有机物含量。降低湿地生态系统中有机物含量的方法包括吸附吸收法、剥离表土法、脱氮法和收割法。

3）改善湿地酸化环境。湿地酸化是指湿地土壤表面及其附近环境 PH 降低的现象。湿地酸化程度取决于湿地系统的给排水状况、进入湿地的污染物种类与性质（金属阳离子和强酸性阴离子吸附平衡）及湿地植物组成等。在某些地区，酸化是湿地在自然条件下自发的过程，与泥炭的积累程度密不可分，但不受水中矿物成分的影响。酸化现象较易出现在天然水塘中漂浮的植被周围和被洪水冲击的泥炭层表面。湿地土壤失水会导致PH下降，此外，有些情况下硫化物的氧化也会引起酸性（硫酸）土壤含量的增加。

4）控制湿地演替和木本植物入侵。一些湿地生境处于顶级状态（如由雨水产生的鱼塘）、次顶级状态（如一些沼泽地）或者演替进程缓慢的状态（如一些盐碱地），它们具有长期的稳定性。多数湿地植被处于顶级状态，演替变化相当快，会产生大量较矮的草地，同时草本植物易被木本植物入侵，从而促成了湿地的消亡。因此，控制或阻止湿地演替和木本植物入侵成为许多欧洲地区湿地修复性管理的主要活动，相比之下，在其他地方却没有得到普遍重视。部分原因在于历史上人们普遍任湿地在生境自然发展，而缺乏对湿地的有效管理或管理方式不正确。

5）修复湿地乡土植被。湿地植被修复主要通过两种方式进行：一种方法是从湿地系统外引种进行人工植被修复，另一种是利用湿地自身种源进行天然植被修复。

4. 湿地生态修复的检验与评价

淡水湿地的生态修复可让脊椎动物群落、无脊椎动物群落、浮游生物群落植被及水质成为主要对象，通过观测其变化动态，进行湿地生态修复效果检验与评估，从而为后期湿地的生态管理提供依据。检验与评估过程通常选择生态系统中能典型反映生态系统功能的状况，对几个目标物种与生物类群开展调查，通过实验测试其在生境地存活和生长的状况，进行生物检验，监控生态系统的修复进程。

（1）湿地生态修复的生物检验

1）生物检验Ⅰ。生物检验Ⅰ检验生物多样性的发育与修复状况，自游生物、无脊椎动物、鸟类等生物类群的群落组成与结构，特有种群的种群动态，对现有植被类型的利用，鸟类的迁徙与生境的关系，一些特有种群的种群动态。

2）生物检验Ⅱ。生物检验Ⅱ检验影响植被繁殖（克隆）的因素。主要是芦苇的再生长规律，包括克隆的生物条件（竞争取食等）、非生物条件（盐碱度、硫化物、铵等）及克隆体的来源（种子库和植被的生长等）。

3）生物检验Ⅲ。生物检验Ⅲ检验植被的修复状况，包括植被的组成与结构、本地植物的修复、植被的景观修复、植被修复与动物多样性修复的关系。

（2）湿地生态修复评价

1）生态修复的生态效果评价。即对淡水湿地生态修复的完整性进行评价。它从生态系统的组成结构到功能过程，考察湿地生态系统的修复结果是否违背生态规律，脱离生态学理论，同环境背景符合程度及湿地的完整统一性。淡水湿地的生态修复应该是生态系统整体的修复，包括水体、土壤、植物、动物和微生物等生态要素，湿地生态系统中不同尺度规模、不同层次、不同类型的多种生态系统。

2）生态修复的经济效果评价。经济效果评价一方面是修复后的经济效益，即遵循最小风险与效益最大原则，另一方面指修复项目的资金支持强度。湿地修复项目不是一蹴而就的，通常是一个长期并艰巨的工程，修复过程中短期内效益并不显著，往往还需要花费大量资金进行资料的收集和各种监测。而且有时难以对修复的后果及生态最终演替方向进行准确的估计和把握，因此具有一定的风险性。只有对所修复的湿地对象进行综合分析、论证，才能将修复工程的风险降低到最小。同时，必须保证长期的资金稳定性和项目监测的连续性。

3）生态修复的社会效果评价。主要评价公众对淡水湿地生态修复的认识状况及程度。在中国，公众对生态修复还没形成强烈的社会意识与共识。因此，增强公众的参与意识，加强湿地保护宣传力度是湿地修复的必要条件，是社会合理性的具体体现。

4）项目设计计划。

①设计基础。总结现有的项目材料数据和结论；确定设计目标；确定设计参数指标。

②完成初步设计。收集现场信息；进行现场勘察；列出初步工艺和设备名单；完成平面布置草图；估算项目造价和运行成本。

5）项目详细设计。

①概念设计。初步设计再审查；对设计概念和思路进行完善；确定项目工艺控制过程和仪表。

②最后设计。进行详细设计计算、绘图和编写技术说明等相关设计文件；完成详细设计评审。

6）系统施工建造。

①招标过程。接收和评审投标者并筛选最后中标者。

②施工过程。提供施工管理服务；进行现场检查。

7）系统操作。

①编制项目操作和维修手册。

②设备启动和试运转。

8）验收和编制长期监测计划。

（3）地下水修复技术

地下水修复技术随着科学技术的进步也呈现百花齐放的状态，有传统修复技术、气体抽提技术、原位化学反应技术、生物修复技术、植物修复技术、空气吹脱技术、水力和气压裂缝方法、污染带阻截墙技术、稳定和固化技术及电动力学修复技术等。

传统修复技术：传统修复技术处理地下水层受到污染的问题时，采用水泵将地下水抽取出来，在地面进行处理净化。这样，一方面取出来的地下水可以在地面得到合适的处理净化，然后再重新注入地下水或者排放进入地表水体，从而减少了地下水和土壤的污染程度；另一方面，可以防止受污染的地下水向周围迁移，减少污染扩散。

原位化学反应技术：微生物生长繁殖过程存在必需营养物，通过深井向地下水层中添加微生物生长过程必需的营养物和高氧化还原电位的化合物，改变地下水体的营养状况和氧化还原状态，依靠土著微生物的作用促进地下水中污染物分解和氧化。

生物修复技术：生物修复技术是利用微生物自身代谢作用降解土壤和地下水中污染物，将其最终转化为无机物质。生物修复技术分为原位生物修复和地面生物处理两类。原位生物修复是在基本不破坏地下水自然环境和土壤的条件下，将受污染的土壤进行原位修复。原位生物修复又分为原位自然生物修复和原位工程生物修复。原位自然生物修复，是利用土壤和地下水原有的微生物，在自然条件下对污染区域进行自然修复。但是，自然生物修复也并不是不采取任何行动措施，同样需要制定详细的计划方案，鉴定现场活性微生物，监测污染物降解速率和污染带的迁移等。原位工程生物修复指采取工程措施，有目的地操作土壤和地下水中的生物过程，加快环境修复。在原位工程生物修复技术中，一种途径是提供微生物生长所需要的营养，改善微生物生长的环境条件，从而大幅度提高野生微生物的数量和活性，提高其降解污染物的能力，这种途径称为生物强化修复；另一种途径是投加实验室培养的对污染物具有特殊亲和性的微生物，使其能够降解土壤和地下水中的污染物，称为生物接种修复。地面生物处理是将受污染的土壤挖掘出来，在地面建造的处理设施内进行生物处理，主要有泥浆生物反应器和地面堆肥等。

生物反应器法：生物反应器法是抽提地下水系统和回注系统结合并加以改进的方法，就是将地下水抽提到地上，用生物反应器加以处理的过程。这种处理方法自然形成一个闭路环，包括 4 个步骤：

1）将污染地下水抽提至地面。

2）在地面生物反应器内对其进行好氧降解，并不断向生物反应器内补充营养物和氧气。

3）处理后的地下水通过渗灌系统回灌到土壤内。

4）在回灌过程中加入营养物和已驯化的微生物，并注入氧气，使生物降解过程在土壤及地下水层内得到加速进行。

虽然生物修复技术已历经长期发展并不断被完善，但由于受生物特性的限制，生物修复技术还存在着许多的局限性。

1）由于污染物的种类繁多，微生物不能降解环境中的所有污染物。所以生物修复对具有难生物降解性、不溶性污染物的土壤及含有腐殖质的泥土修复效果不明显。

2）在实施生物修复系统时，要求对地点状况进行详尽考察。工程前期的考察往往耗时耗力。

3）生物修复技术对土壤状况有严格的要求，一些低渗透性土壤往往不宜采用生物修复技术。

4）微生物活性受温度和其他环境条件的影响，一旦温度或其他条件不适宜，微生物活性就会受到较大的影响，其对污染物的降解能力就会下降。此外，特定的微生物只降解特定的化合物类型，化合物形态一旦变化就难以被原有的微生物酶系降解。

5）有些情况下，生物修复不能将污染物全部去除，因为当污染物浓度太低不足以维持一定数量的降解菌时，残余的污染物就会留在土壤中，为二次污染留下隐患。

纵使存在不足，但生物修复技术表现了极大的发展潜力。所以为了进一步提高生物修复效率，许多辅助技术被开发：

1）将注意点转移到植物系统上，通过植物根际环境改善微生物的栖息环境，从而加强微生物的生长代谢来促进污染地下水的原位修复。

2）以计算机作为辅助工具来设计最佳的修复环境，预测污染物降解的动力学和微生物的生长动态。

3）寄希望于潜力极大的遗传工程微生物系统，通过基因螯合或降解质粒来获得降解能力更强、清除极毒和极难降解有机污染物效果更好的微生物。

生物注射法：

1）它是对传统气提技术加以改进而形成的新技术。

2）它主要是在污染地下水的下部加压注入空气，气流能加速地下水和土壤中有机物的挥发和降解。

3）这种方法主要是通气、抽提联用，并通过增加及延长停留时间促进生物代谢进行降解，提高修复效率。

生物注射法的局限性：

1）使用场所限制了这项技术的应用范围，它只适用于土壤气提技术可行的场所。

2）岩相学和土层学也能影响到生物注射法的效果，空气在进入非饱和带之前应尽可能远离粗孔层，避免影响污染区域。

3）对于黏土方面的处理，生物注射法处理效果不理想。

第六章　城市滨水景观的艺术设计

第一节　滨水景观规划设计原理

一、滨海景观

（一）滨海景观视角下海岸相关内容

在做滨海景观设计之前，我们有必要了解海的相关知识。这一方面是为了更好地认识滨海地带的特点，理解相关概念的界定；另一方面有助于我们把握各类景观要素，为后续的景观设计打下知识基础。

首先，我们必须明确海和海洋是两个概念，这里所说的滨海指的是前者。海是海洋的边缘部分，深度较浅，一般在 2000 米之内，约占海洋总面积的 11%。

海，涉及海洋学、海洋水文学等方面的知识，内容十分丰富。因此，这里梳理的相关知识仅仅针对滨海景观设计而言。基于滨海景观的视角，将海的相关知识分为海水、海岸、岛屿及自然灾害几大类。

1. 海水

（1）海水水文要素

海水水文要素包括海水的化学成分、温度、盐度、密度、透明度、水色、海冰、海岸泥沙等。

（2）海水运动形式

海水的运动形式主要有波浪、海流、潮汐三大类，滨海地带是在三者的共同作用下形成的。

1）波浪

在力的作用下，水的质点发生周期性振动，并向一定方向传播。这种运动称为波浪。

波浪按成因可分为风浪（在风力作用下产生，风速越大，能量越大）、海啸（由海底地震、火山爆发或风暴引起，破坏力巨大）、气压波（由气压突变引起）、潮波（由引潮力引起）、船行波（由船行作用产生）。

2）海流

海洋中的海水，常年比较稳定地沿着一定方向作大规模的流动，这一现象叫作海流，又叫洋流。

海流按成因可分为风海流、密度流和补偿流。风海流是因盛行风吹拂海面，推动海洋水随风漂流，并使上层海水带动下层海水，形成规模很大的海流。密度流是由于各海域海水的温度、盐度不同，引起海水密度的差异，导致海水流动的海流。补偿流是由于风力和密度差异所形成的洋流，海水流出的海区海水减少，由于海水连续性要求，补偿流失，相邻海区的海水便会流入补充。

海流按性质又可分为暖流和寒流。

3）潮汐

潮汐现象是指海水在天体（主要是月球和太阳）引潮力作用下所产生的周期性运动，习惯上将海面垂直向的涨落称为潮汐，将海水在水平方向的流动称为潮流。

涨潮时潮位不断增高，达到一定的高度以后，潮位在短时间内不涨也不退，可称为平潮。平潮的中间时刻称为高潮时。平潮过后，潮位开始下降。当潮位退到最低位的时候，与平潮情况类似，潮位不退不涨，这种现象叫作停潮。停潮的中间时刻称为低潮时。从低潮时到高潮时的时间间隔叫作涨潮时。从高潮时到低潮时的时间间隔则称为落潮时。海面上涨到最高位置时的高度称为高潮高。所对应的水平线称为高潮线。海面下降到最低位置时的高度称为低潮高。所对应的水平线称为低潮线。相邻的高潮高与低潮高之差称为潮差。潮差大的叫大潮，潮差小的叫小潮。

大潮和小潮是由太阳、地球、月球三者的位置关系决定的。潮汐在一个月中有两次大潮和两次小潮。当三者处于同一直线上的时候，也就是月相表现为朔（初一，全部不见）或望（十五，满月）的时候，引潮力和离心力最大，为大潮；三者处于一个直角关系的时候，既月相表现为上弦（初七，半月，西方亮）或下弦（二十二，半月，东方亮）的时候引潮力和离心力最小，为小潮。

2. 海岸

广义上的海岸是指海洋和陆地的交接地带。根据基质的不同，海岸可分为基岩海岸、砂（砾）质海岸、淤泥质海岸及生物海岸。生物海岸又可分为红树林海岸和珊瑚礁海岸。

3. 岛屿

岛屿是指散布在海洋、江河或湖泊中四面环水、高潮时露出水面而自然形成的陆地。

根据自然形成方式，岛屿可分为大陆岛、海洋岛及沉积岛。根据岛屿形态、数量及分布特点，可分为孤立的岛屿、半岛和群岛。

4. 自然灾害

（1）台风

台风是一种破坏力巨大的热带气旋。风力低于 8 级的热带气旋称为热带低压，风力在 8 ～ 9 级的热带气旋称为热带风暴，风力在 10 ～ 11 级的热带气旋称为强热带风暴，12

级以上（即每秒 32.6 米以上）的热带气旋称为台风。它是滨海地区常见的一种自然灾害。台风强大的破坏性会对滨海地带造成重创，并且台风是无法阻止的，只能通过预防来降低灾害程度。在进行滨海景观设计时，应考虑这一自然灾害的影响，并且适当做一些防御性设计。

（2）风暴潮

风暴潮是指强风或气压骤变等强烈天气系统对海面的作用而导致水位急剧升降的现象。与风暴潮相伴的是狂风巨浪，可引起水位暴涨、堤岸决口、船舶倾覆、农田受淹、房屋被毁等后果。风暴潮灾害的轻重，还取决于受灾地区的地理位置、海岸形状和海底地形、社会及经济情况。一般来说，地理位置面对海上大风袭击、海岸形状呈喇叭口、海底地形较平缓、人口密度大、经济发达的地区，风暴潮灾害较为严重。因此，在进行滨海景观带设计时，重要的节点设施选址应该避开这些区域，避免受到风暴潮威胁。

（3）海啸、海底地震

海啸是一种具有强大破坏力的海浪，是由水下地震、火山爆发、水下塌陷或滑坡所激起的巨浪。目前，人类对地震、火山、海啸等突如其来的灾变，只能通过预测、观察来预防或减少其所造成的损失，不能阻止这些灾害发生。

（4）赤潮

赤潮是指海洋浮游生物在一定条件下暴发性繁殖引起海水变色的现象，是一种海洋污染现象。赤潮大多数发生在内海、河口、港湾或有上升流的水域，尤其是暖流内湾水域。赤潮的颜色是由形成赤潮后占优势的浮游生物的色素决定的。如夜光藻形成的赤潮呈红色，而绿色鞭毛藻大量繁殖时呈绿色，硅藻往往呈褐色。赤潮实际上是各种色潮的统称。

赤潮既是一种海洋污染现象，但同时因其独特的颜色，也可作为海洋污染景观来设计。

（二）滨海景观的范围界定

关于滨海景观，涉及海岸带、海岸线及城市滨海景观带的概念。在这里，有必要对这几个概念做一个明确的辨析，以便清晰地界定滨海景观的范围，也能让读者清楚在怎样一个范围内做滨海景观的规划与设计，以及这个范围由哪些要素构成。

1. 海岸带

海岸带是海洋学中的一个概念，它是指海陆交互作用的地带。它由海岸、海滩、水下岸坡三部分组成。海岸是高潮线以上狭窄的陆上地带，大部分时间裸露于海面之上，仅在特大高潮或暴风浪时才被淹没，又称潮上带。海滩是高潮和低潮之间的地带，高潮时被水淹没，低潮时露出水面，又称潮间带。水下岸坡是低潮线以下直到波浪作用所能到达的海底部分，又称潮下带，其下限相当于 1/2 波长的水深处，通常深 10 ～ 20 m。

2. 海岸线

对于海岸线的定义，不同的学科有不同的解释。从地理角度来看，海岸线是指海水面与陆地接触的分界线。从规划角度来看，岸线与利用规划中的岸线是一个空间概念，包括一定范围的水域和陆域，是水域和陆域的结合地带。张谦益认为，海岸线陆域界限一般以滨海大道为界，海域界限一般以低潮线向外平均伸展 500 m 等距线为界。

3. 城市滨海景观带

城市滨海景观带是规划学中的一个概念，它是指城市临海的、海陆相互作用而产生的具有一定景观价值的带状区域。其范围一般以滨海大道为基准线，向陆侧包括与滨海大道相连（邻）的开放空间及特色街区，陆域向海侧包括滨海大道与低潮线之间的陆域、近海及对景观有一定影响的近海岛屿。

4. 海岸带、海岸线及城市滨海景观带三者之间的关系

从以上分析可以看出，海岸带的范围最大，包括海岸线和滨海景观带。滨海景观带与海岸线之间存在空间上的交叉。

5. 滨海景观范围界定

基于以上概念的辨析，可以明确，本书所指的滨海景观的规划及设计范围即滨海景观带的范围，从海洋学的角度来看，它包括一部分潮下带、全部潮间带及一部分潮上带。由于海岸线是在潮间带以内波动的，所以滨海景观的规划与设计还应包括海岸线的规划及设计。

（三）滨海景观规划

基于前文所提到的滨海景观所面临的一些普世性问题，其中有一些问题可以通过规划的手段来改善，比如岸线不合理利用、滨海景观带特色丧失、旅游资源空间布局不合理等。通过对滨海景观带的宏观规划，可以有效避免或改善这些问题。此外，这里还列举一些在进行滨海景观规划时所需注意的要点。因此，本章是针对整个滨海景观带而言的，一部分是规划要点，一部分是针对前文所提及的问题可采取的一些规划策略。

由于海岸线在整个滨海景观带中具有重要地位，也是滨海景观带的核心，所以应引起重视。因此，这里又将海岸线的保护与规划单独列举出来，供大家参考。

1. 加强区域协调，避免同类竞争

海岸带在空间上具有连续性，可将海港城市串联起来。但很多海港城市在进行滨海开发的时候，如熊小菊等人提到广西壮族自治区的北海、钦州、防城港三市只考虑自身发展，三市之间缺乏沟通与合作，因而出现了开发同质化、互补性差等现象，造成恶性竞争。因此，在进行滨海景观带规划时，应当跳出自身区域的束缚，站在更高的层次进行整体规划，加强区域协调，从区域规划的角度加强城市间的合作，发展特色，进行优势互补。

2. 评估滨水区域的条件，以确定适合当地的设计标准及原则策略

在进行滨海景观带规划时，应当在分析滨水区域现状的基础上，结合相关规范制定一系列可行、合适的设计标准，用以指导后续进一步的详细设计。这些现状条件应当包括海岸地貌、水域、风浪区、坡度、潮差、风暴能和波能等。

比如在进行滩涂景观设计时，可遵循以下原则。

（1）科学设计，保持边缘效应

作为一个开放系统，沿海滩涂对外界干扰的反应比较敏感。因极易富集海陆污染物，海岸带成为地球上污染最集中的区域之一。而边缘效应在带来丰富生物资源的同时，其脆弱性与敏感性要求沿海滩涂的开发必须保证科学设计，防止滩涂生态恶化。

（2）限制性规划

尽管目前我国沿海滩涂面积总量逐年增加，但沿海滩涂的淤长是以各大河流沿岸水土流失为代价的。一旦沿岸水土流失受到控制，入海河流输沙减少，沿海滩涂非但不会淤长，反而可能因受侵蚀而后退。因此，沿海滩涂土地资源是有限的，不可能无限扩张。各地要珍惜滩涂资源，合理规划，科学利用。

（3）多层次开发

自然要素空间集聚于沿海滩涂，形成资源禀赋，土地利用具有多样性。单一开发既降低了滩涂景观多样性，削弱景观稳定性，又闲置、浪费了其他资源。所以，沿海滩涂须综合开发，充分利用自然要素空间集聚的特征，进行多层次的开发利用，实现滩涂开发形式的多样化，增强景观稳定性。

（4）定段分级利用

沿海滩涂景观存在明显的空间异质性，各岸段、各地貌部位差异显著，适合不同的开发方式。因此，沿海滩涂必须实施定段分级利用。各段、各级应充分利用其优势资源，但要避免对另类资源开发造成危害或妨碍。同时，还必须通过生态食物链、产品链等把各地段的开发有机结合起来，保持滩涂生态整体性。

3. 明确划分功能区，使各功能区既具有自身特色，又能整体协调统一

根据岸线的资源条件，结合上位规划，依据深水深用，浅水浅用、远近期结合等原则，合理划定港口码头、近海工业、居住生活、旅游度假、疗养、海水养殖、生态保护等功能区，并且要注意避免不同功能区间的相互干扰。

4. 从宏观到微观逐层规划，在城市设计层面加强滨海景观带的规划建设，创造具有个性的滨海景观带

首先要确保景观带内开放空间的数量与质量，以维持城市的正常运行，如必要的交通、市政空间以及提供文化、科技、体育、集会、游憩等所需的空间和一定的绿色开放空间。构建滨海景观带内系统，有层次地开放空间体系。其次，加强对景观带内构筑物的控制，包括色彩、风格、体量、造型、比例、密度等，使得整体和谐又不失特色。最后，应注重历史保护区的建立。历史遗迹、古建筑是地方独具的特色，滨海景观带在进行开发时，应注重对这些历史性地段、遗迹的保护，确定重点风貌保护区、一般保护区、过渡协调区等。充分利用历史遗迹，创造滨海景观带的地方特色。

5. 进行合理的旅游资源空间布局，使资源得以有效利用

滨海景观由于处于海陆交界地带，在海洋和大陆的双重作用下，其景观资源十分丰富。滨海景观大体可分为自然景观（沙滩、海湾、海峡、潮汐、海浪、海市蜃楼等）、人文景观（古

建筑、古炮台、烽火台、名人名居等）及人工环境景观（防波堤、栈桥、灯塔、沙坝、雕塑等）。它们之间相互交织，形成了丰富的旅游资源。

针对这些丰富的旅游资源，为了使其得到有效利用，应当进行宏观的空间布局。首先确定景观带内各景点的环境承载力，控制游客规模，使得各景点在环境承载力范围内得以利用，促进旅游资源可持续利用。其次，综合考虑自然、人文等景观资源条件，进行资源整合和空间组织。最后，还应加强景观带内各景点与市内景点的空间联系，以减轻滨海地带的压力。

6. 海岸线保护与规划

城市形象的塑造离不开山、天、海三线景观的塑造，海岸线作为三线中的重要组成部分，承担着打造城市陆地与海洋交接之处美丽景观的功能，它对于城市整体形象的塑造来说至关重要，有利于塑造独一无二的城市形象。并且，由于它处于海岸带中潮间带的位置，所以是滨海景观带设计中的核心部分，有很多学者对滨海景观的研究都落脚在了海岸带的规划与设计上。加之海岸线具有资源有限、生态极其敏感等特点，因此，需要在保护的前提下进行开发利用。

从地貌特点、水深条件、生态环境、人类活动等多方面考虑，可以将海岸线依次划分成严格保护岸段、适度利用岸段及优化利用岸段。针对每类岸段的特点，进行相应的保护或开发。

严格保护岸段包括自然形态保持完好的原生海岸，重要滨海湿地等生态功能与资源价值显著的自然海岸线。针对该类岸段，应发挥其生态涵养功能，应严格保护。

适度利用岸段是指具有公共旅游休闲、防潮、防侵蚀和生态涵养等生态功能的海岸线，以及为未来发展预留的海岸线，包括生态岸线和预留岸线。

优化利用岸段是指开发利用程度较高或开发利用条件较好的工业与城镇、港口航运等海洋基本功能区海岸线。针对该类海岸线，可进行开发利用，如发展渔业、旅游业、近海工业、建设港口码头及进行景观优化等。总之，在进行海岸线规划时，必须遵循生态保护的原则，先明确该岸段的定位是严格保护还是开发利用。只有适度利用岸段和优化利用岸段才能进行开发利用。

（四）滨海景观带特征及面临问题

滨海景观带与其他滨水景观相比，在生态环境、景观条件、开发价值、建设管理等方面都有很大不同。

生态环境方面，位于海洋与陆地交界处的滨海景观带具有强烈的边缘效应，生态系统较为复杂；又因为滨海地区人类活动较为活跃，往往会对脆弱的生态系统造成伤害。

例如，人类活动产生的废物排向海洋，当排放量超过其自净能力时，将会导致沿岸生境恶化，进而影响物种多样性；填海、港口及护岸等工程建设，会对潮汐、洋流的流动造成影响，导致沉积物沉积或侵蚀的速度发生变化；在沿岸立地条件较差的地方进行开发，极易破坏生境，如黄河三角洲原有天然柽柳林的消失。

景观条件方面，边缘效应为滨海景观带提供了丰富且独特的生态景观基础；滨海区独有的开放性能为城市带来多样化的开敞空间；海岸作为城市的边界往往能够成为城市意象的重要一环；滨海地区独特的民俗风情、文物古迹、建筑、构筑物为滨海景观提供了多元的人文景观。

开发价值方面，随着中国经济的发展，越来越多的人选择出门旅游，而海滨就是热门旅游目的地之一。相较于其他滨水景观，滨海地区视野广、面积大，可提供服务多，是人们休闲、娱乐、度假、观光的绝佳场所，具有巨大的经济、社会价值。

建设管理方面，由于滨海景观带涉及的范围较大、功能较为复杂，往往同时受多个部门管理，而不同部门对海岸线的使用没有经过协调，很容易造成混乱局面，影响整体景观格局。

当前滨海景观规划设计也面临着许多问题。

地震、台风、风暴潮、海平面上升等自然灾害和海滩挖砂、乱炸礁石、不合理的工程建设等人类活动，造成了海岸侵蚀，沿海景观资源受损。例如，蓬莱西海岸因人为大量开采岸外水下浅滩，致使该处水深加大，原来可以被破碎消能的波浪，如今可以直抵岸边集中释放能量，造成海岸侵蚀，每年后退速率达 50 m；建于 1970 年长 700 m 的石臼所岚山头码头。在堤北侧出现砂体堆积，南侧则发生严重侵蚀，低潮线向岸边近 100 m，高潮线海滩被侵蚀，剥露大片基岩新滩。

城市化带来的城市建设及环境污染，使滨海景观带自然生境破碎，导致生物多样性降低，如胶州湾沧口潮间带的生物种类数在 1957 年为 63 种，1963—1964 年为 141 种，1974—1975 年为 30 种，1980—1981 年为 17 种。20 世纪 90 年代至今，因大规模填海造地活动，如建设青黄高速公路等设施，潮间带滩面基本消失，生物种类遭到毁灭性破坏，青岛前海区夏季海鸥的不复出现也使海面失去生机。

当前许多滨海景观带缺乏特色。不同城市具有不同的气候、水文条件、地形地貌、文化氛围、民俗民风，这些城市特色可以借助滨海植物、开敞空间、道路、建筑、景观小品等实体体现出来。但许多城市没有充分挖掘出自身的特色，或是没有将城市特色融入滨海景观中，导致滨海景观缺乏城市特色，不能形成良好且独特的城市意象。

岸线功能、空间规划不合理，造成了景观资源的浪费、破坏，或因过度使用导致质量下降。如蓬莱市的部分岸线被汽车改造厂占用；青岛黄岛区金沙滩的优质旅游岸线部分被水产养殖占用；青岛第一海水浴场夏季高峰期的日游泳人数达十多万人，不仅使海水水质下降，而且过多的游人亦造成沙滩的侵蚀速度加快，主要表现在沙滩坡度变陡、沙粒粗化等方面。

滨海景观带管理也存在问题。由于景观带内用地类型多样，如港口、近海工业、居住、旅游、绿化、交通、水产养殖等，牵涉管理部门多，但部门间缺乏协调，造成在管理目标与行动上的矛盾与监管空白。

（五）滨海景观设计

滨海景观带涵盖了近海及岛屿海域、陆域向海侧和陆域向陆侧三个部分，不同的区域在自然基底、主要影响因素、设计对象等方面有诸多不同，因此在设计时有不同的侧重点。

近海及岛屿海域是海洋的一部分，也是滨海景观最重要的景观元素。因此在设计的时候应该重点考虑对水体、近岸结构的处理，保证水体清洁美观、近岸结构合理可靠。

陆域向海侧是海洋与陆地的过渡部分，是滨海景观的主要设计对象。不同岸线形态会带来不同的视觉效果，因此在组织空间时需要考虑对岸线的影响；边缘效应导致这块区域生态系统复杂且脆弱，因此设计时应该注意自然基底类型、采取有针对性的生态保护措施；护岸、码头等人工设施要兼顾自然与人类的需要。

陆域向陆侧主要考虑城市与滨海区联系、城市滨海界面、滨海空间体验三个层面。

1. 近海及岛屿海域

（1）水体污染防治

海洋污染有很多种类型，如海洋溢油污染、海洋营养盐异常、海洋病菌污染、海洋化学污染、海洋热污染、海洋核辐射污染等。

海洋赤潮是海洋中某些浮游藻类、原生动物或细菌，在一定的环境条件下暴发性繁殖或聚集而引起海洋水体变色的一种有害生态异常现象。赤潮对原有的海洋生态系统有很大的破坏力，对渔业、旅游业有很大的负面影响。

对这些影响滨海景观的海洋污染，可以运用遥感监测技术对其进行动态监测，分析其成因、动态、发生规律，在此基础上建立评估、治理体系方法，保证海水清洁、海洋生态系统运作正常。

（2）近岸结构设计

人类对近岸海域有多种使用方式，如盐田、围塘养殖、航道、锚地、滨海浴场、人工鱼礁、网箱养殖等。近海过高的波能或流速可能导致沉积物上浮、悬浮和冲刷，对近海开发有不利影响，而近岸水下结构能降低波能和流速。因此，为了更好地开发使用海域，往往需要建造一些近岸结构。

近岸结构设计需要减少对水动力的影响。利用建模来评估波浪动态和沉积物运移的变化，对敏感栖息地和自然特征之外的沉积物和腐蚀进行规划，避免深水区的沉积物悬浮、避免对水循环产生负面影响，避免航道的沉积作用，避免对腐蚀危险区的负面影响。

这些近岸结构在设计时，还应当注意结合自然特征建造，如结合生物防波堤、边缘湿地暗礁、保水特征和沉水植物等进行设计，以改善环境。

（3）海岛开发

海岛开发受自身资源条件和成本的影响。前者与当地气候、生态环境有关，后者与海岛面积、距大陆距离、群岛分布格局有关。应该针对具体情况进行分析，选择资源禀赋高、成本较低的海岛进行开发。海岛与陆域海岸应当注重对景关系、航线等的处理。

2. 陆域向海侧

海岸根据岸线形态可以分为直线型海岸、凹型海岸、凸型海岸和多湾型海岸。

直线型海岸岸线平直、缺乏变化，因此在设计时可以利用地势、雕塑、景观小品、铺装等增添层次和细节，以丰富滨海景观体验。

凹型海岸可以让游人观赏到湾内全景，设计时需要结合方位、地势、植被等因素，合理组织视线和流线，在视觉焦点处做重点设计，结合滨海特色文化，突出形成城市意象。

凸型海岸视野开阔且外向，近海岛屿、礁石有焦点和导向作用。除此之外，还应注意对陆地景观轮廓线进行控制。

多湾型海岸空间变化丰富，应当结合前文提到的设计要点进行设计，创造出丰富的滨海景观空间体验。

海岸根据基质可以分为自然滩涂海岸和人工海岸。自然滩涂海岸是由海陆相互作用形成的岸线，可以分为基岩海岸、砂（砾）质海岸、淤泥质海岸和生物海岸，其中生物海岸的两种典型是红树林海岸和珊瑚礁海岸。自然、滩涂海岸是由永久性人工建筑物组成的岸线，如防波堤、防潮堤、护坡、挡浪墙、码头、防潮闸、道路等挡水（潮）建筑物组成的岸线。城市景观岸线若发生了以拓展海岸空间为主要目的的填海造地活动，比如填海建成的景观平台广场等，那么景观设施建设无疑会侵占自然的岸滩，改变原始的海岸动态过程，这类岸线应该被认定为人工岸线。如果景观设施只是依托海岸建设，没有改变原始的岸线位置和岸滩形态，那么景观设施对岸滩和海岸过程不会产生明显影响，其人工设施本身具有辅助交通、美化景观等积极作用，那么此类海岸应该被界定为自然岸线。

自然滩涂海岸具有以下特点：

（1）滩涂海岸是典型的开放系统，海—陆—气系统在这里频繁地进行物能交换。滩涂大多面临着地震、台风、暴雨、风暴潮、海啸等自然灾害，而海滩土壤含盐量高、绿色植被少、抗灾能力弱，再加上近年来全球气候变化，海平面上升，致使滩涂区域表现出强烈的敏感性。人类对滩涂的开发改变了原有的海—陆—气交换模式，滩涂景观对干扰的敏感性增强。

（2）滩涂地处海、陆边缘，具有明显的边缘效应。随着景观异质性的增加，这里的生态环境更为复杂，生物多样性更加丰富，入海河水带来的大量有机质和营养盐也促进了动植物在这里生长繁衍。

（3）自然资源要素集聚。自然滩涂海岸上包含的自然资源要素包括土地土壤资源、生物资源、海水资源、化学资源、旅游资源、港口资源、能源及矿产资源。

（4）岸线动态变化。受泥沙供应量、海岸地貌及植被、海水动力作用、海平面升降、地下水开采在内的人为干扰等因素影响，滩涂这一景观边界具有不稳定性。根据景观动态变化特征，可将滩涂划分为基本稳定型、侵蚀型和淤长型三类。

（5）空间异质性显著。沿海滩涂各地貌部位，由于距海远近的差异，海水淹没时间与土壤盐分不同，动植物群落相应存在明显分异，从而形成平行自然分带的景观结构，空间异质性显著。

在对滩涂海岸进行设计时，应当注意融入弹性元素，以减少对脆弱生境的影响。利用多种边缘弹性策略创造多层次的边缘布局，以应对风暴雨、洪水、海平面上升和气候变化。合理开发利用海岸资源，保证景观可持续。注意场地水文条件，保证岸线稳定。设计滨海景观在进行植物选择时，必须深入实地，了解各路段的水文、土壤、方位、视域、受海浪及海风影响程度等立地条件，保证植物能够正常生长。

人工海岸往往加大了海岸线长度，减弱了海岸线曲折度，改变海岸类型，导致自然景观破碎或减少、生物栖息地破坏或减少、生物数量减少、地貌形态改变、纳潮量和潮流场变化等，最终将导致海湾生态功能退化、生产能力下降。

为避免这些影响，人工海岸在建设时，应当减小立面坡度，采取曲线形状，避免净填充，以减弱对自然景观环境和生态系统的破坏。

3. 陆域向陆侧

（1）与滨海区联系

海岸与滨海区的联系包括建筑后退岸线画定、天际线设计、开敞空间设置、道路及步行系统设计、景观视廊设计等。

建筑后退岸线的距离对人的感受有一定影响。距离过大，海域与城市的关系不密切，对城市意象的塑造不利；距离过小，建筑安全难以保障，人也容易产生紧张与压迫感。

天际线由前景高层建筑和背景自然山体或建筑组成。设计时要建立视觉中心，控制层次感，把握整体韵律和节奏，注意形成对比、烘托与呼应。开敞空间数量和面积上要能够满足人们集散、休闲的要求，可以采用容积率奖励政策等手段保证开敞空间的数量和面积。

滨海道路与步行道连接着区域内各要素，要最大限度保证居民接近海面的可能性，也可作为风廊和景观视廊，提供心理上的连接感，因此应适当加大垂直于滨海大道的道路密度。道路还应注意设置停车场、广场，加强可识别性。步行道要综合考量视野、安全性、舒适性，为步行者创造良好的步行环境，完善步行系统与道路的连接，便于游人进入海岸。

景观视廊指的是通向景观资源或节点的视线通廊。在视廊内应当限制影响视觉效果的建筑、构筑物建设。

（2）城市滨海界面

城市滨海界面设计要素包括建筑高度、面宽、间距控制，应力求和建筑风格协调。

为保证滨海景观视野开阔，形成良好的空间尺度和景观层次，应当结合人的视觉效果和心理感受，以及景观视廊、风向，控制建筑高度、面宽和间距。

滨海建筑布局要注意主次。色彩宜简不宜繁，宜明不宜暗，宜淡不宜浓。

（3）滨海空间体验

滨海空间应根据不同私密或公共等级，依照活动的人的社会关系亲疏，提供与之对应的适宜尺度。

结合不同观赏距离、观赏角度和观赏物，设置多层级观景点。

二、滨河景观

（一）滨水景观视角下河流基本知识

随着我国经济建设的发展，城市中原有的自然环境日益恶化，而城市的快节奏生活，使得城市居民向往户外休闲娱乐的场所。城市滨河区因其优良的景观基础和重要的生态功能，越来越受到人们的重视和开发。

要建设生态、科学、优美的滨河景观，首先要对河流的基本知识有基本的了解。滨河景观视角下的河流基本知识主要包括河流的水系特征和水文特征。河流的水系特征是指河流的形态特征。而水文特征强调的是河水的水情，如河流的补给类型、水位、径流量、含沙量等。河流的水系特征和水文特征与地形、气候、人类活动联系密切。河流的规划设计、综合开发利用的前提是要充分认识河流的水系特征和水文特征。

1. 河流的水系特征

河流的水系特征主要指河流的形态特征，主要包括河流的流程、河流的流向、支流数量及其形态、河网密度、水系归属、水系形状、河道（河谷的宽窄、河床深度、河流弯曲系数）等。

（1）河流的流程

河流流程的长短主要取决于陆地面积的大小、地形及河流的位置。一般陆地面积较小（如岛屿）或陆地比较破碎（如欧洲西部）则河流较短；山脉距海岸较近（如美洲西岸）则西岸河流较短；内流河受水源限制较短。

（2）河流的流向

河流的流向由流域地势状况决定，河流总是由高处流向低处。在分层设色地形图中，要通过图例反映的地势状况来确定流向。在等高线地形图中，观察山谷沿线等值线数值大小可判断河流流向。河流发育在山谷之中，河流沿线的等高线凸向河流上游。

（3）支流数量及其形态

高山峡谷地区河流支流少，流域面积小；盆地或洼地地区河流集水区域广，支流多、流域面积大。

（4）河网密度

河网密度用于衡量流域支流的数量及疏密。河网密度的大小是用水系干支流总长度与流域面积的比值（单位面积上的河流长度）来衡量的。河网密度跟流域内的地形及气候息息相关，如在降水丰富的南方低山丘陵地区，河流的支流众多，水系发育；而在干旱区的塔里木盆地边缘，河流的支流稀少且短小。

（5）水系归属

根据河流最终的注入地，注入海洋的河流为外流河，没有注入海洋而注入内陆洼地的河流为内流河。如黄河、长江为太平洋水系，雅鲁藏布江为印度洋水系，额尔齐斯河为北冰洋水系；塔里木河注入塔里木盆地，为内流河。

（6）水系形状

水系有各种各样的平面形态，不同的平面形态可以产生不同的水情，尤其对洪水的影响更为明显。水系形状主要受地形和地质构造的控制。常见的水系形状有如下六种：

1）树枝状水系：支流较多，主流、支流及支流与支流间呈锐角相交，排列如树枝状。多见于微斜平原或地壳较稳定、岩性比较均一的缓倾斜岩层分布地区。世界上大多数河流水系形状是树枝状的，如中国的长江、珠江和辽河，北美的密西西比河、南美的亚马孙河等。

2）格子状水系：河流的主流和支流之间呈直线相交，多发育在断层地带。

3）平行状水系：河流在平行褶曲或断层地区多呈平行排列，如中国横断山区的河流和淮河左岸支流。

4）向心状水系：发育在盆地或沉陷区的河流，形成由四周山岭向盆地或构造沉陷区中心汇集的水系，如非洲刚果河的水系和中国四川盆地的水系。

5）放射状水系：河流在穹形山地或火山地区，从高处顺坡流向四周低地，呈辐射（散）状分布，如亚洲的一些水系。

6）网状水系：河流在河漫滩和三角洲上常交错排列，犹如网状，如三角洲上的河流常形成扇形网状水系。

（7）河道

山区河流落差大、流速快，以下切侵蚀为主（可能同时地壳在抬升，下切侵蚀更强），河道比较直深，形成窄谷；地势起伏小的地区，河流落差小，以侧蚀为主，侧蚀的强弱主要考虑河岸组成物质的致密与疏松、凹岸与凸岸，河道受地转偏向力影响，河道表现为弯、浅、宽。

2. 河流的水文特征

河流的水文特征是指河流的水情，主要包括河流的补给类型、河流水位、径流量大小、汛期及其长短、含沙量大小、有无结冰期、水能蕴藏量和河流的航运价值等。

（1）河流的补给类型

河流由于所处地理位置的不同，补给源也不同。河流补给源可分为地表水源和地下水源两大类。其中地表水源分为雨水、季节性积雪融水、冰川融水、湖泊及沼泽水。

1）地表水源。

①雨水。

雨水补给河流迅速而集中，具有不连续性，季节、年际变化大。河流流量过程线随着降雨量的增减而涨落，呈现锯齿形尖峰。我国大部分地区处在东亚季风区内，雨量的年内分配极不均匀。主要集中在夏秋两季，年际变化也大，因而河川径流的季节分配不均，各年水量很不稳定，丰枯变化比较悬殊。同时，由于降雨集中，冲刷地表，所以河流含沙量往往较大。雨水补给时间集中在夏秋两季，河流流量变化与降雨量变化基本一致。雨水补给型河流在我国主要分布于东部季风区。我国各地雨水在年径流量中所占的比重相差悬殊，在秦岭—淮河以南、青藏高原以东的地区为60% ~ 80%，浙闽丘陵地区和四川盆地可达80% ~ 90%，云贵高原占60% ~ 70%，黄淮海平原占80% ~ 90%，东北和黄土高原占50% ~ 60%，西北内陆地区只占5% ~ 30%。

②季节性积雪融水。

季节性积雪融水补给有时间性，水量变化较小，补给时间主要集中在春季，河流流量变化与气温变化密切相关，主要分布于我国的东部地区。

③冰川融水。

冰川融水有时间性，水量较稳定，补给主要在夏季。冰川补给河流水量的多少与流域内冰川、永久积雪贮量的大小和气温的高低变化密切相关，主要分布于我国西北和青藏地区。

④湖泊及沼泽水。

湖沼水补给水量较稳定，对河流有调节作用，全年均可补给。补给量根据湖泊水和河水的相对水位决定，在我国主要分布于长白山天池和长江中下游地区。

2）地下水源。

地下水源较稳定，与河流互补，全年均可补给，补给量根据地下水位高低而定，这是河流的一种非常普遍的补给方式。

（2）河流水位、径流量大小

1）以雨水补给为主的河流（主要是外流河），水位和流量季节变化由降水特点决定。

①热带雨林气候和温带海洋性气候区（年雨区），河流年径流量大，水位和径流量时间变化很小（亚马孙河、刚果河流经热带雨林气候区，全年水位高、河流径流量大，且径流量时间变化很小，其中亚马孙河是全世界径流量最大的河流。莱茵河流经温带海洋性气候区，水位和径流量时间变化很小，利于航运）。

②热带草原气候、地中海气候区，河流水位和径流量时间变化较大，分别形成夏汛和冬汛。

③热带季风气候、亚热带季风气候、温带季风气候区（夏雨区），河流均为夏汛，汛期长短取决于雨季长短（注意温带季风气候区较高纬度地区的河流除有雨水补给外，还有春季积雪融水的河流形成春汛，一年有两个汛期，河流汛期较长），但是由于夏季风不稳定，降水季节变化和年际变化大，河流水位和径流量的季节变化和年际变化均较大，如我国的长江和黄河、东南亚的湄公河、南亚的恒河等。

2）以冰川融水补给和季节性冰雪融水补给为主的河流，水位变化由气温变化特点决定。

例如，我国西北地区的河流夏季流量大、冬季断流。我国东北地区的河流在春季由于气温回升导致冬季积雪融化，形成春汛。另外径流量大小还与流域面积大小及流域内水系情况和人们对河流上中下游河水的利用程度有关。一般情况下，流域面积大、流程长的河流径流量大，如亚马孙河、长江等；上中游对河水利用程度大的河流下游水量小，当然这也与当地蒸发量大有关，如我国西北地区的塔里木河等。

（3）汛期及其长短

外流河汛期出现的时间和长短直接由流域内降水量的多少、雨季出现的时间和长短决定。冰雪融水补给为主的内流河则主要受气温高低的影响，汛期出现在气温最高的时候。我国东部季风气候区的河流都有夏汛，东北地区的河流除有夏汛外，还有春汛；西北地区的河流有夏汛。另外有些河流有凌汛现象。凌汛形成的条件有三个：1）有结冰期；2）低纬流向高纬，但从低纬度流向高纬度的河流不一定都出现凌汛；3）结冰和融冰时期，终年封冻的河流及终年不会结冰的河流不会出现凌汛。我国黄河上游的宁夏河段和下游的山东河段就符合凌汛形成的三个条件，在秋末冬初结冰时期和冬末春初融冰时期有凌汛发生，欧洲的莱茵河、非洲的尼罗河尽管也是从低纬度流向高纬度的河流，但都不会发生凌汛。凌汛时，冰坝抬高水位，浮冰冲击河岸导致洪涝灾害的发生。要避免凌汛危害，需要在凌汛出现初期炸凌。流域内雨季开始早结束晚，河流汛期长；雨季开始晚，结束早，河流汛期短。我国南方地区河流的汛期长，北方地区比较短。

（4）含沙量大小

河流的含沙量由植被覆盖情况、土质状况、地形、降水特征和人类活动决定。植被覆盖差、土质疏松、地势起伏大、降水强度大的区域河流含沙量大，反之，含沙量小。人类活动主要是通过影响地表植被覆盖情况来影响河流含沙量大小。

总而言之，我国南方地区河流含沙量较小，黄土高原地区河流含沙量较大，东北地区（除辽河流域外）河流含沙量都较小。

（5）有无结冰期

河流有无结冰期由流域内气温高低决定，月均温在0℃以下的河流有结冰期，0℃以上无结冰期。我国秦岭—淮河以北的河流有结冰期，有结冰期的河流才有可能出现凌汛。

（6）水能蕴藏量

水能蕴藏量由流域内的河流落差（地形）和水量（气候和流域面积）决定。地形起伏越大、落差越大，水能越丰富；降水越多、流域面积越大、河流水量越大，水能越丰富，因此，河流中上游一般以开发河流水能为主。

（7）河流的航运价值

河流的航运价值由地形和水量决定，地形平坦、水量丰富的河流航运价值大，因此，河流中下游一般以开发河流航运为主。同时需考虑河流有无结冰期，水位季节变化大小，能否保证四季通航；天然河网密度大小，有无运河沟通，是否四通八达；内河航运与其他运输方式的连接情况（联运）；区域经济状况对运输的需求等。

（二）影响滨河景观规划设计的河流要素

滨河景观设计受到河流本身特质的影响，这个特质主要是指河流的自净过程、自然行洪过程和人工调控行洪过程。

河流的自净过程是我们用滨水景观设计来提升河流水质的一个重要手段。而自然行洪过程和人工调控行洪过程造成水位升降而受影响的那片滨河土地区域（消落带），则是我们在滨河景观设计时重点考虑的区域。

1. 自净过程

河流自净过程是指河流受到污染后，水质自然逐渐恢复洁净状态的现象。城市污水排放进河流后，河水发生的变化过程最能反映河流的自净过程。河流的自净作用主要包括稀释作用、沉淀作用、微生物衰减过程及耗氧—复氧作用。溶解氧、水力条件、温度、微生物、河岸带在河水自净中起到了决定性的作用。

水中溶解氧含量与自净作用关系密切，水体的自净过程也是复氧过程。水体在未纳污以前，河内溶解氧是充足的，当受到污染后，由于有机物骤增，耗氧分解剧烈，耗氧超过溶氧，河水中溶解氧降低。如果水体复氧速度较快，水质将会由坏变好。水中氧的补给受到水面和大气条件的影响，如水面形态、水流方式、大气与水中的氧气分压、大气与水体的水温等。

水力条件会影响水中溶解氧含量的恢复，如水面形态、流量、流速和含沙量等。水流的流动加快了污染物与水体的混合稀释过程，缩短了水体的滞留时间，增加了溶解氧的含量。基于水动力原理的引水工程被广泛地应用于水体污染治理工程中，以期在短期内快速改善水环境及水质，提高水体自净能力。

水温不仅直接影响水体中污染物质的化学转化速度，而且能通过影响水体中微生物的活动对生物化学降解速度产生影响，随着水温的增加，生物耗氧量的降低速度明显加快，但水温高却不利于水体富氧。

水中微生物对污染物有生物降解作用，某些水生物还对污染物有富集作用，这两方面的作用都能降低水中污染物的浓度。因此，若水体中能分解污染物质的微生物和能富集污染物质的水生物品种多、数量大，对水体自净过程较为有利。

河岸带是指河岸两边向岸坡爬升的由树木（乔木）及其他植被组成的缓冲区域，它可以通过过滤、渗透、吸收、滞留、沉积等河岸带机械、化学和生物功能效应，防止由坡地地表径流、废水排放、地下径流和深层地下水流所带来的养分、沉积物、有机质、杀虫剂及其他污染物进入河溪系统。它还可以调节流域微气候，为河溪生态系统提供养分和能量，增加生物的多样性。

以上五个方面给改善河道水质提供了不少途径，目前许多的河道整治手段都是由此受到的启发。

2. 自然洪涝过程

自然洪涝过程是指由于强降雨、冰雪融化、冰凌、堤坝溃决等原因引起河流水量增加、水位上涨的现象。根据洪涝发生季节，可以将洪涝灾害分为春涝、夏涝、夏秋涝和秋涝等。

自然洪涝过程是河流的自然特性，是滨河景观设计必须研究和应对的问题。人们采用了很多方式来应对河水的自然洪涝过程，如修建硬质堤坝或者是生态驳岸等，俞孔坚甚至提出了与洪水为友的理念。在具体的滨河景观设计中，如何应对洪水，对河流生态和河流景观至关重要。

3. 人工调控行洪过程

人工调控行洪过程的主要手段是修建水库，水库对洪水的调节作用有两种不同方式：滞洪和蓄洪。

（1）滞洪。

滞洪就是使洪水在水库中暂时停留。当水库的溢洪道上无闸门控制，水库蓄水位与溢洪道堰顶高程平齐时，水库只能起到暂时滞留洪水的作用。滞洪是指为短期阻滞或延缓洪水行进速度而采取的措施，其目的是与主河道洪峰错开。

（2）蓄洪。

在溢洪道未设闸门的情况下，在水库管理运用阶段，如果能在汛期前用水，将水库水位降到限制水位，且限制水位低于溢洪道堰顶高程，则限制水位至溢洪道堰顶高程之间的库容，就能起到蓄洪作用。蓄在水库的一部分洪水可在枯水期有计划地用于水利需要。

当溢洪道设有闸门时，水库就能在更大程度上起到蓄洪作用。水库可以通过改变闸门开启度来调节下泄流量的大小。由于有闸门控制，所以这类水库防洪限制水位可以高出溢洪道堰顶，并在泄洪过程中随时调节闸门开启度来控制下泄流量，具有滞洪和蓄洪双重作用。

除了修建水库之外，人类的一些其他活动也会从相对微观的角度引起河水流量和水位的变化。

（三）河流消落带

1. 消落带的概念

消落带的数量和种类繁多，功能相对复杂，不同区域、不同时段差异性较显著，使其未形成统一的定义。

20 世纪 70 年代末，河岸带被认为是陆地上河水发生作用的植被区域。之后 Lowrance 等将河岸带的定义拓展为广义和狭义两种。河岸带广义上指靠近河边植物群落（包括组成、植物种类复杂度）及土壤湿度等高低植被明显不同的地带，即受河溪直接影响的植被；狭义上指河水与陆地交界处的两边，直至河水影响消失为止的地带，后来大部分学者主要以狭义概念作为研究基础。

随着人类对这一特殊区域重要性认识的日益深入，消落带越来越受到广泛重视。同时，大型水库建设所形成的水库型消落带对区域生态环境产生巨大影响，国内学者更多关注此类型消落带的研究，产生了一系列消落带定义，如刁承泰等人认为消落带是由于季节性水位涨落而使水库周边被淹没土地出露水面的一段特殊区城，是水位反复周期性变化的干湿交替区；黄朝禧人等认为消落带是水库死水位至土地征用线或移民高程之间的接近闭合的环形地貌单元，地处陆地生态系统和水生生态系统之间的过渡带；黄川等人将消落带概括为水生生态系统与陆地生态系统的交替控制地带，该地带具有两种生态系统的特征，具有生物多样性、人类活动的频繁性和脆弱性。以上定义都只是定性地进行概括，仅仅考虑受其影响的区域特征和植被特征，具有很大的主观性。然而，消落带是一个完整的生态系统，自身具有独特的空间结构和生态功能，与相邻的水陆生态系统之间均发生有物质和能量的交换，研究应考虑其动态性。

纵观不同学者的研究成果可知，消落带可以是水陆生态系统交错的区域，是一个独立的生态系统，具有水域和陆地双重属性，长期或者阶段性的水位涨落导致其反复淹没和出露的带状区域，长期为水分梯度所控制的自然综合体，是一类特殊的季节性湿地生态系统，在维持水陆生态系统动态平衡、生物多样性、生态安全、生态服务功能等方面都具有重要作用。

2. 辨析：自然消落带与生态缓冲区

（1）自然与生态

“自然”的境界就是一种自然而然、无为而自成、任运的状态。“生态”一词，现在通常是指生物的生活状态。生态通常指一切生物的生存状态，以及生物之间和生物与环境之间环环相扣的关系。

（2）辨析

自然消落带是自然水体（河、海、湖）边的植物群落受水体影响而形成的有别于其他植物的地带。它形成的原因有两个：一是季节性水位涨落，即季节性水位涨落使被淹没土地周期性出露于水面的区域，此外还包括特殊气候造成的消落带（如干旱导致洞庭湖水位下降）；二是蓄水原因，大型水库（如三峡大坝）消落带的形成主要是因为周期性蓄洪或泄洪导致的水位升降所造成的。

生态缓冲区是人为划定的区域，限制该区域中可能对环境造成破坏的行为。

3. 消落带的分类

对消落带进行分类是消落带研究的基础，从不同角度和研究方式出发进行分类，可以更清楚地了解消落带。但消落带研究的目的、方法及地域性不同等原因，不同的学者在消落带的分类上存在较大差异，也没有形成完整的分类系统。目前，国外对消落带的类型划分鲜见报道，而国内多是以消落带形成的原因、地质地貌特征、人类影响方式及其开发利用的时间段等进行分类。

（1）按形成原因分类

消落带按形成原因可分为自然消落带和人工消落带。

自然消落带是水位季节性变化造成水体岸边土地相应地呈现节律性受淹和出露的区域，一般在丰水期被水淹没，在枯水期离水成陆，完全受自然因素影响所形成。

人工消落带则是人为过度干扰使水位出现不定期的涨落波动，导致消落带生态系统结构和功能出现紊乱，形成了一种区别于自然消落带的退化生态类型。

（2）按地质地貌特征分类

按地质地貌特征分类主要以遥感、3S 技术为依托，结合实地野外立地条件调查来划分。如张虹等人依据各类型消落区生态特点，将其划分为库尾消落区、松软堆积缓坡平坝型消落区及硬岩陡坡型消落区；苏维词等人依照不同地段的地形，将其划分为河湾型消落带、开阔阶地型消落带、裸露基岩陡峭型消落带和失稳库岸型消落带；赵纯勇等人利用 3S 技术进行消落带空间分布、地表物质组成、土地利用现状监测，将消落带划分为峡谷陡坡裸岩型消落区、峡谷陡坡薄层土型消落区、中缓坡坡积土型消落区（河流阶地、平坝型）和城镇河段废弃土地型消落区。

（3）按人类影响方式及其开发利用的时间段分类

如谢德体等人考虑了人类活动影响情况，将消落区类型划分为 4 类：城镇消落区、农村消落区、库中岛屿消落区和受人类活动影响的消落区；谢会兰等人结合消落带被淹区域出露水面的时间不同，划分为常年利用区、季节性利用区和暂时性利用区。

以上类型主要以消落带的地质地貌、水文特征、理化性质、土壤特性和人类影响为基本属性划分，但这样的划分没有真正体现出消落带的功能特征。不同地域和不同尺度消落带具有很大的差异，划分消落带类型应结合研究尺度（区域尺度、景观尺度）、成因（人为因素或者自然因素）、时间动态及消落带发育的动力因素，如水文特征、气候、地貌条件（地貌部位、地质基底条件、地貌外动力条件）和人为活动影响等因素，这些都将对消落带的发育和演化产生重要影响。综合各类生态因子对消落带进行科学的划分是必要的。首先，按消落带成因划分为自然消落带和人工消落带，且以所处生境类型划分为湖泊堤岸型消落带、河道堤岸型消落带、水库岸坡型消落带等；其次，结合不同的气候因素、水文地质地貌，比如气候带、水流、坡度、海拔、土壤等划分；最后，以消落带演替发育的各种动力因子包括物理、化学、生物等进行划分，可以将其作为一个变化的生态整体。

（四）河流缓冲带

1. 河流缓冲带的概念

河流缓冲带是水陆交错带的一种景观表现形式，即岸边陆地上同河水发生作用的植被区域，是介于河溪和高地植被之间的生态过渡带。

2. 缓冲带的主要功能

（1）缓冲功能

河流两岸一定宽度的植被缓冲带可以通过过滤、渗透、吸收、滞留、沉积等河岸带机械、化学和生物功能效应，使进入地表和地下水的沉淀物（富氮磷物质、杀虫剂和真菌等）减少。

（2）稳固河岸

试验表明，受植物根系作用影响，河岸沉积物抵抗侵蚀的能力比没有植物根系时高，这是由于植物根系可以垂直深入河岸内部；但当河岸较高时，植物根系不能深入河堤堤脚，则会增加河岸的不稳定性；短期的洪水侵蚀和水位经常发生变化时，草本植物可以有效发挥其防洪和防侵蚀作用，但水位淹没时间较长时，就需要寻求更好的护岸方法。

（3）调节流域微气候

河岸植被可创造缓和的微气候。在夏天，河岸缓冲带的植被可为河流提供遮阴功能。在小流域，仅 1% ~ 3% 的太阳光能到达河水表面，可降低夏天的水温。

（4）为河溪生态系统提供养分和能量

河岸植被及相邻森林每年都向河水中输入大量的枯枝、落叶、果实和溶解的养分等漂移有机物质，成为河溪中异养生物（如菌类、细菌等）的主要食物和能量来源。

当水流经过滞留在河溪中的大型树木残骸时，由于撞击作用，增加了水中的溶解氧。大型树木残骸还能截留水流中树叶碎片和其他有机物质，使其成为各种动物的食物。随着时间的流逝，河溪中的粗大木质物将逐渐破碎、分解和腐烂，缓慢地向河水中释放细小有机物质和各种养分元素，成为河溪生态系统的主要物质和能量来源。

（5）增加生物多样性

河岸植被缓冲带所形成的特定空间是众多植物和动物的栖息地，目前已发现许多节肢动物和无节肢动物属于河岸种。

3. 当代缓冲带的类型

当代缓冲带的类型有密集城市开发缓冲带、混合型工业和居住缓冲带、生态保护和开放空间缓冲带。

4. 当前科学技术

Williams 等人利用农业管理系统的化学、地表径流和侵蚀模型对美国周边一些小尺度缓冲带在减轻土壤侵蚀、拦截沉淀物和养分传输等方面的功效进行了评估。

Lee 等人建立了 Graph 数学模型分析河流草地缓冲带减缓地表径流和吸收磷的效果。

河岸生态系统管理模型是能够检测多区域河岸缓冲带功能的模型。此模型适用于小流域河岸缓冲带，但在地形条件较复杂的条件下效果不太理想。

GIS 作为一种工具，已全面开始应用于集水区的管理计划，特别是河岸缓冲区的管理，最近也应用于评估流域尺度缓冲带的积累效应。在小流域的应用中，遥感数据的分辨率还达不到植被分类的要求。而在处理大尺度河流和洪泛区森林的时候就不存在这个问题。

另外，目前还缺少一个既能对缓冲区进行估算又能很好地与 GIS 耦合的模型，将 GIS 和污染物拦截方程相结合来了解植被缓冲带的功能。将数学模型和 GIS 相结合，能更好地设计植被缓冲带的宽度和位置，从而体现地形特征。

（五）基于河流缓冲带的河流景观

规划设计策略

1. 位置

在计划建立河岸缓冲带之前，还需要了解这个区域的水文特征。较小尺度的一级或者二级的小溪流的缓冲带可以紧邻河岸。作为较大的流域范围，考虑到暴雨期洪水泛滥所产生的影响，植被缓冲带的位置应选择在泛洪区边缘。

一般情况下，处于河流上游较小支流的河岸最需要保护；考虑到积水区内的累积效应，在分水岭这样具有连接作用的特殊地方，也同样应该设置缓冲带；当然整个流域都需要健康的河岸缓冲带。

对于具体地段而言，科学地选择缓冲带位置是缓冲带有效发挥作用的先决条件。从地形的角度来看，缓冲带一般设置在下坡位置，与地表径流的方向垂直。

对于长坡，可以沿等高线多设置几道缓冲带以削减水流的能量。

在溪流和沟谷边缘一定要全部设置缓冲带，因为间断的缓冲带会使缓冲效果大大减弱。

2. 植物种类

乔木有发达的根系，可以稳固河岸，防止水流对河岸的冲刷和侵蚀。同时，乔木可为沿水道迁徙的鸟类提供食物，也可为河水提供更好的遮蔽。

草本缓冲带就像一个过滤器，可通过增加地表粗糙度来增强地表径流的渗透能力，并减小径流流速，提高缓冲带对沉淀物的沉积能力。

在具有旅游和观光价值的河流两岸可种植一些色彩丰富的景观树种。在经济欠发达地区可种植一些具有一定经济价值的树种。

3. 结构和布局

在缓冲带宽度相同的条件下，草本或森林草本植被类型的除氮效果更好。而保持一定比例的生长速度快的植被可以提高缓冲带的吸附能力。一定复杂程度的结构使得系统更加稳定，为野生动物提供更多的食物。与较宽但间断的缓冲带相比，狭长且连续的河岸缓冲带从地下水中移除硝酸盐的能力更强，而这个结论往往被人们忽视。

美国林务局建议在小流域建立如下“3 区”植被缓冲带。

（1）紧邻水流岸边的狭长地带为一区，种植本土乔木，并且不采伐。这个区域起到遮阴和降温作用，巩固流域堤岸及提供大木质残体和凋落物。

（2）紧邻一区向外延伸，建立一个较宽的二区缓冲带，这个区域也要种植本土乔木树种，但可以砍伐以增加区域收入。二区的主要目的是移除比较浅的地下水中的硝酸盐和酸性物质。

（3）紧邻二区建立一个较窄的三区缓冲带，三区应该与等高线平行，主要种植草本植被。三区的首要功能是拦截悬浮的沉淀物、营养物质及杀虫剂，吸收可溶性养分到植物体内。为了促进植被生长和对悬浮固体的吸附能力，每年应该对山区草本缓冲带进行两三次割除。

4. 宽度

河岸缓冲带功能的发挥与其宽度有着极为密切的关系。缓冲带宽度是由以下多个因素决定的。

（1）该缓冲带建设所能投入的资金。

（2）该缓冲带河岸的几何物理特性，如坡度、土壤类型、渗透性和稳定性等。

（3）该流域上下游水文情况和周边土地利用情况。

（4）缓冲带所要实现的功能。

（5）管理部门或业主提出的要求和限制。

当缓冲带的作用是巩固正在遭受侵蚀的河岸。在小型的溪流中，良好的侵蚀控制只需要在河岸上种植灌木、乔木和一片经过管理的 14 m 宽的草地缓冲带即可。在大河流或侵蚀严重的河岸，则在河岸后将缓冲带宽度延伸至 20 m，这是最低的要求。许多大河河岸需要用工程的方法来加以稳固和保护，可以将工程法与生态法结合使用。为了更好地稳固岸堤，可在缓冲带多种植灌木和乔木，以利用此类植物的发达根系达到固土效果。

当缓冲带的作用是过滤、沉淀物质和吸收径流中的污染物质时，在高宽比小于 15% 的斜坡中，14 m 宽的草地缓冲带可以截留大量沉积物。但当斜坡的坡度增加时，缓冲带的宽度也要相应增加。在沉淀作用特别重要的地方，还要多种植灌木和乔木。

当该缓冲带的作用是过滤径流中的可溶解营养物质和杀虫剂时，在较为陡峭的斜坡或是土壤渗透能力较差的地带，缓冲带的宽度至少达到 40 m，这样才可以使径流充分地进入土体，植物和微生物有充分的时间吸收和分解营养物质和杀虫剂。40 m 的宽度已能够去除大多数的污染物了，但是如果缓冲带建立在黏性土上，宽度至少达到 200 m。

当缓冲带的作用是保护渔业时，缓冲带的宽度取决于鱼类群落。对于冷水渔业，树荫要将其完全遮盖。如果不存在藻类泛滥的问题，热水渔业不需要过宽的缓冲带和遮盖，但缓冲带的水质净化功能还是会对其有益。要使水生生物的生物链保持健康，40 m 是最低限度，宽度越大，效果越好。

当缓冲带的作用是保护野生动植物栖息地时，缓冲带的宽度要根据需要保护的物种而定，通常 120 m 是所能接受的最小值。动植物保护的缓冲带宽度要远远大于保护水质所需的宽度，缓冲区域越大，其价值也就越大。大型动物和内陆森林树种通常需要更多的空间。在大区域的栖息地之间，构建较窄的缓冲带是可以接受的，因为连续性是相当重要的，比如对于鸟类的迁移，哪怕是小片的树林也远比没有树林好。

当缓冲带的作用是抵制洪水破坏时，小型溪流可能只需要宽度狭窄的乔木和灌木，大型溪流或是河流就需要一片能够彻底覆盖一部分洪泛区的缓冲带。在流域内不能建造永久性建筑就是考虑到这个因素。

三、滨湖景观

（一）滨湖景观的定义与分类

湖泊是指陆地上洼地积水形成的、水域比较宽广、换流缓慢的水体。影响湖泊演变的主要有泥沙、气候及人为因素。入湖泥沙量多的湖泊容易淤积，甚至分化、消亡。气候干旱、蒸发量大于补给量的湖泊，湖面将缩小甚至消亡，反之则湖面扩大，湖水淡化。人类围垦等行为也会造成湖泊消亡。

滨湖景观指位于城市建成区或毗邻城市建成区，有一定自然景观资源或历史人文资源，由作为城市公共空间和生态资源的城市湖泊水体及滨湖带所组成的开放空间。

与陆地景观相比，“水”是滨湖景观的最大特色，湖泊景观的生态功能也更为显著多样。湖泊拥有多样化的生境，同时也具有涵养水分、降解污染、调节微气候的功能。与其他滨水景观相比，湖泊水面是闭合的，滨湖空间也因此具有“带状成环”的空间特征，即可进行线形组织环湖游憩等活动，城市湖泊根据其在城市中所处的位置，可以分为城市中心区湖泊、发展区湖泊和郊野区湖泊。城市中心区湖泊位于城市中心区内，人类活动密集，与城市各类型用地联系紧密，基本都已经被开发利用，是城市重要的开放空间。发展区湖泊位于城市建成区内、中心区之外，人的活跃度相对较低，周边尚未建设完全，有较大的利用改造空间。郊野区湖泊位于城市远郊，基本处于原生状态，一般是面积较大的生态斑块，具有重要的生态维护功能。另外，由于城市的发展是一个动态的过程，中心区、发展区的位置是不断变化的。随着城市的发展，一些原本位于发展区的湖泊可能成为中心区湖泊，如武汉市的南湖原本是位于发展区的湖泊，随着城市不断发展，周边用地被开发建设，逐渐成为一个城市中心区湖泊。

根据湖泊的主导功能，还可以将城市湖泊分为城市公共空间型湖泊、风景区型湖泊和城市生态型湖泊。城市公共空间型湖泊的主导功能就是为人们提供公共活动空间，周边聚集了大量的人群。这类湖泊往往面积相对较小，自身恢复能力差，生态问题较为严峻，如武汉市的沙湖。风景区型湖泊就是兼具了生态保护功能和公共空间作用的湖泊，这类湖泊往往水域面积较大，既有城市生活岸线，又有生态和旅游效益，如武汉市的东湖。城市生态型湖泊主要发挥其生态功能，关系到城市的生态安全，是受人类活动干扰最小的湖泊，并可能对城市的旅游经济有较大作用，如武汉市的武湖、木兰湖等。

（二）湖泊及滨湖景观面临问题

湖泊是城市重要的淡水资源库、洪水调蓄库和优质的景观资源。然而，近十年来，随着气候的变化与人类干扰活动的加剧，湖泊的数量、形态、水质、水量、生物种类等都发生了巨大的变化，造成了湖泊日益萎缩破碎、对洪水调蓄能力降低、生态系统越发不稳定等一系列问题。

在这里，将从滨湖景观的视角，从湖泊水质、水量及水体形态三个方面来概述这些问题。针对这些问题进行一个概括性或详细性的说明，以期后续在进行滨湖景观设计时，能从不同层面，采取不同手段来有效解决或缓解这些问题。

1. 水质

大量研究表明，随着城市的扩张与不断发展，城市范围内或城市周边的水体水质正在逐步劣化。但近些年来，随着人们环保意识的建立，也有部分湖泊的水质正在逐步得到提升。

以武汉市为例，随着城市的发展，原本水质优良的湖泊正逐步受到污染，Ⅱ类湖泊数量占比从 2007 年的 18.20%，逐渐下降为 2016 年的 9.1%。Ⅳ类、Ⅴ类湖泊占比不断上升。一方面是由于Ⅰ类、Ⅱ类湖泊水质的下降；另一方面，随着人类环境保护意识的提升，开始进行一些湖泊整治工作，使得原来劣类湖泊比重下降，部分湖泊水质提升。

水质好转的湖泊大都集中在中心城区范围内，而水质变差的湖泊都集中在城市建设用地拓展的边界上。说明中心城区湖泊受关注度较高，湖泊保护措施逐步到位，使得水体环境质量逐渐提升。但在城市拓展过程中，新城区的湖泊污染防治体系是有欠缺的，新城区正在重复主城区先污染后治理的发展模式。

根据污染物的不同，可以将水质污染分为有毒有机物污染、水体富营养化，重金属污染及水体酸化四种类型。

（1）有毒有机物污染

有毒有机物污染是指多氯联苯、有机氟农药、多环芳烃等有机物造成的污染。其来源包括工业“三废”排放、农业中各种农药的大量使用、生活废水的直接排放，其中工业污染是最大的有机物污染源。这些有机物通过地表、大气—水体交换、大气干湿沉降和地下水渗入而进入湖泊。

湖泊系统中的这些有毒有机污染物主要通过生物迁移和转化等方式对环境造成危害。并且，这些物质具有疏水性，可以在生物脂肪中富集，难以被分解。因此，即使湖泊中有机有毒物质含量很低，也可以通过水生食物链危害人体健康，造成人体慢性中毒，甚至有致癌风险。

（2）水体富营养化

水体富营养化是指氮、磷等植物营养物质含量过多所引起的水质污染现象，其来源之一是大量含有氮、磷营养物质的污水排放，其次是农田施用的化肥和牲畜粪便经雨水冲刷和渗透进入水体，导致水体营养物质增多。

水体富营养化的显著特征就是浮游植物的大量繁殖，水体透明度和溶解氧含量下降，直接导致了水质恶化、水体功能下降及水生生物因缺氧死亡等灾难性后果。并且，水生植物的大量繁殖，还加速了湖泊的淤积、沼泽化过程。另外，一些浮游植物，比如蓝藻中的一些物种是有毒的，比如鱼腥藻属、隐藻属等，会导致家畜和人类中毒死亡。

（3）重金属污染

重金属污染是湖泊中比较重要的环境问题，它一旦进入湖体，就会对湖泊造成长期的影响。一方面，它一进入湖泊水体就会发生一系列物理、化学反应，对水体和水生生物造成污染，并且会在底泥沉积物中累积起来成为次生污染源。一旦湖泊遭到干扰，沉积物的再悬浮就会使重金属回到上覆水体，再次形成污染。另一方面，重金属不能被生物降解，但具有生物累积性，所以通过食物链会威胁到人体健康，造成人体急性中毒和慢性中毒等。如日本发生的骨痛病（镉污染）和水俣病（汞污染）等公害病，都是由重金属污染引起的。

（4）水体酸化

水体酸化是指湖泊水体的 PH 值小于 5.6 时，水体呈现的酸化状态。主要是由于工业生产和生活中各种能源使用产生的SO_2、氮氧化合物被氧化后产生的酸性物质，通过大气干湿沉降进入水体。

水体酸化造成的危害主要表现在两个方面。一方面是对水生生物直接造成危害，当水体PH值小于5.5时，鱼类生长会受阻，甚至造成鱼类生殖功能失调，停止繁殖。另一方面，它会引起沉积物中有毒重金属元素的活化，导致湖泊水环境中重金属浓度升高和污染加剧。

2. 水量

由于城市发展需求，人口与用地矛盾日益上升，人们开始用填湖的方式来扩大城市建设用地面积，造成城市湖泊面积的急剧减少，同时也使湖泊蓄水容积大幅减少。同时，郊野地区因围湖造田也导致湖泊面积的萎缩。姜加虎等人通过对长江中下游地区的初步调查表明，自20世纪50年代初至2004年，长江中下游地区因围垦减少的湖泊容积超过$500 \times 108\ m^3$，相当于淮河多年平均年径流量的1.1倍、五大淡水湖泊蓄水总量的1.3倍。

以武汉市为例，据有关学者采用Landsat（美国NASA的陆地卫星）影像图研究武汉市近30年来湖泊面积动态变化，结果表明，1987—2016年，武汉市湖泊面积在不断变化，总体呈减少趋势。1987年武汉市湖泊面积为964.52 km^2，到2016年湖泊面积为906.89 km^2，共减少了57.63 km^2，其中主城区湖泊面积呈明显减少趋势，从1987年的154.20 km^2减少至2016年的81.00 km^2，面积萎缩超过47.47%，越靠近城市中心，湖泊缩减的面积越多，湖泊蓄水量也减少得越多。

湖泊蓄水量的减少，导致了湖泊调蓄容积的减少，并直接导致了湖泊洪水调蓄功能下降，在相当程度上引发了湖泊洪水位的不断升高，最高洪水位被不断突破，洪涝灾害危害程度不断加大。

另外，由于城市建设加快、地面硬化率上升，原来植被覆盖的透水地面变为不透水地面，造成地表径流增大。特别是在雨季，大量的地表径流流入湖体，使得短时间内入湖水量远远大于出湖水量，造成湖泊的水量增减不平衡，超出湖体的调蓄能力，从而加大洪涝危害。

总地来说，关于水量，一方面是由于湖泊蓄水量减少导致对洪水调蓄能力减弱的问题；另一方面是由于地表径流增大，造成入湖水量远大于出湖水量（水量增减不平衡），在雨季加大洪涝危害的问题。

3. 水体形态

在湖泊景观中，水体形态是最容易被游人感知的景观元素。接近自然曲率且富于变化的水岸能够提供更多样的近水与亲水空间，为滨湖景观的塑造提供更多可能。

湖泊的水体形态生成依托于所在地的形状，主要指的是岸线围合的几何形状，包括平面与立体的几何形状。在湖泊学研究中，可以用面积、周长、最长轴、分形维数、岸线发育系数、近圆率、形状率、紧凑度、水体空间包容面积等几何定量指标对岸线形态进行描述。在人类活动等因素的影响下，当前湖泊水体形态主要面临着以下几个问题：

（1）湖体萎缩

受到气候变化和人类活动等的影响，城市湖泊总体呈萎缩趋势，严重影响着周边生态系统和景观格局。以有“千湖之城”之称的武汉市为例，1987—2016 年武汉市湖泊面积在不断地变化，总体呈下降的趋势。1987—2016 年，武汉市湖泊面积共下降了 57.63 km^2。

其中，南湖作为武汉市内面积仅次于东湖和汤逊湖的第三大城中湖，1987—2016 年，湖泊面积在不断减小，由 1987 年的 15.43 km^2 萎缩至 2016 年的 7.13 km^2，减少了 8.30 km^2，湖泊萎缩了 53.79%，有超过一半的湖泊消失。湖泊边界呈现由外向内缩减的趋势，边缘的细小湖泊斑块随时间逐渐减小直至消失。

湖体萎缩严重影响湖泊的生态与环境功能，包括物种生境、调节气候、涵养水分、防涝减灾等，同时也不利于景观塑造和城市形象建设。

（2）湖体破碎

自然或人为因素直接或间接对湖泊造成了切割，使湖泊由单一、均质、连续的整体向复杂、异质、不连续的斑块镶嵌体演变，导致城市湖泊景观破碎化。

有学者研究显示，武汉市中心城区景观的破碎度指数从 2000 年的 1.0940 上升至 2010 年的 1.6608，说明武汉中心城区湖泊景观破碎化程度随时间推移而逐渐增大，湖泊之间的连通性逐渐降低。

湖体破碎导致景观失去连续性，这也是生物多样性丧失的重要原因之一，它与自然资源保护密切相关。

（3）边缘规则化

人类开发活动对湖泊边缘也造成了影响，原本复杂多变的湖岸在人类影响下变得越发规整。

景观格局研究中一般是借助景观斑块的分形维数作为描述景观复杂的指数。当值越接近 1 时，表示斑块的几何形状越规则，斑块形状简单，人为干扰大；当值越接近 2 时，表示斑块的几何形状越无规律，斑块形状复杂，人为干扰小。

武汉市湖泊分形维数接近于 1 的湖泊有内沙湖、北湖、后襄河、小南湖、晒湖、机器荡子湖、杨春湖、水果湖、莲花湖、菱角湖和西湖。从地理位置上看，除杨春湖位于三环附近外，其他湖泊全都位于二环线以内的市区附近，受人类活动影响大，湖泊几何形状趋于简单化。

湖泊边缘规则化减小了边缘效应，对生态环境有不利影响，也使岸线失去自然美感，减少了人类近水、亲水的平台。

（三）滨湖景观规划设计策略

1. 水质方面

（1）城市中心区

城市中心区湖泊水质在人类城市建设的过程中大多被不同程度地污染，所以中心城区湖泊景观的设计在水质方面应多考虑水体污染的治理和防护。

1）营养负荷控制技术

①外源营养负荷的污染控制技术。

外源性营养物质是外界排入或者进入湖泊水体的氮磷等营养物质，是导致湖泊富营养化的直接因素。所以，针对湖泊的富营养化治理，控制污染物进入水体是关键环节。只有实现对外源性污染源的控制，才有望通过湖泊生态恢复改善水质。对于外源性污染通常采取的措施有截污、污水改道和污水除磷。

其技术主要有前置库技术和湿地处理技术。

A. 前置库技术：前置库技术是让污水进入湖泊前通过前置库，以延长水力停留时间，促进水中泥沙及营养盐的沉降，同时利用前置库中的藻类或大型水生植物进一步吸收、吸附、拦截营养盐，使营养盐成为有机物或沉降于库底。该技术的关键除了需要足够的场地外，还要控制80%左右的入流水和可达到一定去除率的水力停留时间。其优点是费用较低，适合多种条件。缺点是在运行期间，前置库区经常出现水生植物的季节交替问题。因此，前置库技术的主要技术难题是植物的选种及如何保证寒冷季节的净化效率。此外，前置库的净化功能往往与河流的行洪功能矛盾，所以还要寻求一种将两者有效协调的方法。

B. 湿地处理技术：湖滨湿地和入湖河道堤岸湿地是拦截非点源污染的有效措施，也是污染物进入湖泊的最后一道拦截屏障。湖泊沿岸湿地和滨岸带高等水生植物的消失，将加重湖泊富营养化。因此，恢复和重建湖泊滨岸带水生植被，从而改变氮、磷等营养物质的入湖途径，也是控制营养物入湖的重要措施。

②内源营养负荷的污染控制技术。

我国的湖泊以浅水湖泊为主，风浪导致底泥悬浮，把大量底泥中含有的氮磷等内源性营养物质释放进入上覆水中。沉积物释放营养盐，所以即使控制了所有外源污染，仍然无法在短期内把湖泊营养负荷降下来。所以内源营养盐负荷控制成为治理浅水富营养化湖泊的关键。技术方法主要有机械方法、物理化学方法和生物技术方法。

A. 机械方法：通过引水、换水来稀释水中的污染物质，进而降低藻类的浓度。

B. 物理化学方法：物理化学方法包括沉积物氧化、化学沉淀和底泥覆盖等，原理是将磷束缚于底泥之中，从而抑制内源磷的释放。

C. 生物技术方法：对于小型湖泊，投加微生物制剂，利用其降解作用去除水中的营养盐，这种方法有一定的效果。水中的溶解氧大幅增加，而化学需氧量、总氮、总磷等则明显降低；随着水体中藻类的减少和下沉，水体的浊度明显下降，水质感官得到改善。无论大型或小型湖泊，水生植物都能够通过一系列的吸收转化、拦截、富集及吸附作用吸收、固定大量的营养盐类，从而使水体得到净化。如生物浮岛或浮床技术把高等水生植物或改良的陆生植物种植到富营养化的湖泊水面上，利用其达到净化水质的效果。

2）直接除藻技术

直接除藻技术有物理除藻，化学除藻和生物除藻。

①物理除藻：在蓝藻的富集区，一般采用机械除藻措施，即采用固定式除藻设施和除藻船对区域内湖水进行循环处理。

②化学除藻：目前，国内外普遍采用絮凝、抑制和综合方法进行化学除藻，它是利用化学药剂对藻类进行杀除。

③生物除藻：生物除藻技术是利用生态平衡等原理对藻类的生长和繁殖进行抑制，从而达到控制藻体数量的目的。其原理是利用藻类的天敌及其产生的生长抑制物质来抑制和杀灭藻类。这类技术主要有以下几类：以藻制藻，用藻类病原菌抑制藻类生长，利用病毒控制藻类的生长。利用植物间相互抑制物质抑制藻类，发展滤食性鱼类、水蚤除藻，大麦秆控制水华藻类，微生物絮凝剂除藻和生物接触氧化等。

3）生态修复技术与生态工程

生态修复技术与生态工程有湖滨带湿地恢复和人工湿地系统。

①湖滨带湿地恢复：在湖泊周边建立和修复水陆交错带，是整个湖泊生态系统恢复的重要组成部分。湖滨带是湖泊的重要组成部分和最后的保护屏障，加强管理和重建湖滨带工程是湖泊环境保护的重要工作。湖滨带湿地恢复应该选取当地生长适宜性强、污染物净化能力较强、经济价值较高及与周围环境协调性好的植物。湖泊周围一般有很多坑塘或藕塘等，可改造为湿地净化系统，增设配水和排水系统。

②人工湿地系统：人工湿地系统是利用天然湿地净化污水能力的人为建设的生态工程措施，是人为地将石、砂、土壤、煤渣等材料按一定的比例组成基质，并栽种经过选择的水生植物、湿生植物，组成类似于自然湿地状态的工程化湿地状态系统。

（2）城市发展区

发展区湖泊位于城市建成区内、中心区之外，人的活跃度相对较低，周边尚未完全建设开发，水体污染较小。湖泊的景观设计策略主要以保护水体为主，构建以水生和湿地植物组成的“植物—动物—微生物”良性生态循环环境，完善水体的自净过程。

（3）城市郊区

城市郊区湖泊景观要尊重现有的自然条件，设置湖泊植物缓冲区，保护水体。

2. 水量方面

（1）城市中心区

城市中心区的湖泊景观基本建设完成，各项渗水、蓄水、排水设施配备齐全，水量处于动态平衡状态，湖泊是城市重要的海绵体。

城市中心区湖泊景观设计策略主要为将各种水体连通、网络联合、江湖之间、湖渠之间、湖湖各斑块之间建立生态廊道，促进能量、生物的交换，使湖泊生态系统能够抵御外在威胁，自我调节水量。

城市湖泊景观与所有其他生态因素一起发挥着维系城市生态安全的作用，共同担当城市的生态基础设施构建重任。湖泊同江、河、架、山、城市绿地、农用地、林地、灌草地等要素联合起来，形成“基质—斑块—廊道”的网络。

（2）城市发展区

城市发展区的湖泊景观设计要运用LID(低影响开发理念)原则，使经过人类建设场地的前后水文特征保持不变。

1）道路景观设计

道路定位层上铺设透水基层，主要以砂砾、碎石为主，起到渗水、过滤、净水的作用，利用网格铺设的模式架设导水性能良好的PP塑料管道;铺设透水面层，主要材质有透水砖、透水混凝土和透水沥青等。

2）生态廊道

生态廊道是隔离及联系滨水空间里的各个生态斑块，设计不一样的生态廊道能促使不同生态系统实现有效结合，继而创造规模更大、更加多样化的生态环境体系，为循环利用水资源及生物的迁徙提供更多便捷。

打造分级雨洪净化湿地：把湖泊、沿河径流、低洼地及水塘规划到生态廊道范围内，并归入整个净化系统及雨洪调蓄系统中，可以有效缓解城市内部的洪涝风险，并且还能给河道景观提供用水。

在修建自然驳岸的过程中，重点恢复水体的自净能力及生态状况。将城市里休闲游憩的空间与湖泊生态环境的空间紧密结合起来，创建连续不断的慢行网络，同时积极改造断面形式。

3）植物配置

充分考虑区域季节性降雨特点，优先利用植物性能和合理搭配，增强水源涵蓄能力。

结合城市滨水区域的地质、水质、环境等因素，选择最适合生长的绿化树种，并且在搭配植物组团时不仅要确保美观，还要严格遵循植物的自然生长规律。

合理安排地被植物、灌木植物、乔木植物等的组合比例，若滨水区域的水位高，种植的植物必须要具备良好耐涝性，以便在强降雨的时候能够及时收集雨水，同时还要具备良好的渗透性能，避免造成积水，植物的根系还要足够发达，在遇到水量大的时候能够发挥引水下地、缓解内涝的作用。

（3）城市郊区

城市郊区湖泊景观要尊重现有的自然条件，保护水体。

3. 水体形态方面

（1）城市中心区

把湖泊、沿河径流、低洼地及水塘等通过水网连接起来，解决城市湖泊水体形态破碎化的问题。

城市湖泊是微观开放空间的重要组成部分，城市中心区湖泊景观设计应与城市开放空间系统建设统一考虑。

具体的湖泊景观设计有岸线设计、水位设计和建筑及视廊设计等方法。

1）岸线设计

湖泊水体形态丰富多变，所以在设计湖面景观时，以大的湖面为主，并利用曲折有致、变化多端、风光环绕的湖岸，设计出条形、片形、流线形等不同的水体形态，丰富水脉景观。

2）水位设计

环境心理学表明较高的水位有丰满感，使人觉得亲切，而在离湖岸地面 1 m 以下的低水位则有枯竭感，湖泊水位的高差不宜过大，一般以 0.3 ~ 0.8 m 为宜。湖泊水位的高低还应考虑周边道路、建筑等对临水水位的影响，如道路设计要求中就规定临水道路的高程应高于水面。

3）建筑及视廊设计

建筑及视廊设计应控制引导建筑景观，控制建筑的体量、高度、色彩、风格、组合形式等，保证建筑与自然景观间的融洽关系。要保证视域的通达，必须要考虑四个方面的要素：其一，控制湖岸建筑高度与湖面的空间尺度关系；其二，临水建筑保持连续的界面，形成完整的水域空间；其三，确定某些主要景观走廊边界，保证景观视线在通过建筑时，不会歪曲和阻挡景观形象，以实现湖泊景观资源的共享性；其四，要控制建筑的风格、色彩和体量。

（2）城市发展区

设置城市湖泊水体缓冲区，限制硬质驳岸的建设，对湖泊现有形态进行保护。

（3）城市郊区

尊重现有的自然条件，对现有水体形态进行保护。

第二节　城市滨水景观的空间营造

一、空间的概念

所谓空间，不仅仅是一种洞穴、一种中空的东西，或是“实体的反面”；空间总是一种活跃而积极的东西。空间不仅仅是一种观赏对象，而特别就人类的、整体的观念来说，它总是我们生活在其间的一种现实存在。

二、影响空间感知的元素

（一）实体元素

人们对于一个空间的体验离不开围合空间的六个界面，在城市外部空间中，人们主要能够感受的是空间的五个围合界面，而在这五个界面中，垂直界面和底界面起着相对重要的作用。

在城市滨水景观的底界面中，地面图案和材质是设计的重点。而在四个垂直界面中至少存在一个开敞的界面——自然水体界面，剩余的几个界面一般都是由建筑物所产生的实体界面。

垂直界面的变化可以通过两种手法来实现：

一是通过地面标高的变化形成多变的立面外观。如在上海陆家嘴滨江大道设计上，为使滨江大道既能美化生态环境，创造良好景观，又兼具防汛功能，并考虑工程施工条件及陆家嘴中心区道路交通规划要求，滨江大道的断面组成采用地下厢体断面方案，按黄浦江防汛标准，滨江大道的顶标高应 ≥7.00 m，临江一侧呈斜坡形，结合黄浦江水位标高的变化特征，沿斜坡分设三层平台（标高分别为 4.00 m、5.80 m 及 7.00 m 处），用作沿江通常人行步道，以便游人在不同的高度上观光、游览，亦可丰富滨江景观特色。

另一个改变垂直界面的重要手法就是通过实体围合界面——建筑物的多变来构成，如建筑的高度变化、建筑物接地的处理、主体建筑物的凹凸变化及建筑物上饰物如装饰线轮廓等的变化来构筑丰富多彩的滨水空间围合界面，如重庆市朝天门广场就是利用建筑物高度的变化丰富了滨水空间，使人们能够从不同的高度感受到景观变化。重庆市朝天门广场的观景广场位于朝天门北端两江交汇处，它依山就势，分三层建筑，最下层为码头专用道（高程 180 m），中间层布置航监站指挥台（高程 188 m），顶层标高为平客运大楼前道路标高（高程 200 m）。顶层为观景广场的主广场，下部架空形成三层室内空间，并设有楼梯与室外楼梯联通，平台下部安排有商业用房和管理用房，188 m 平台以楼道与 180 m 的码头专用道衔接。

（二）抽象元素

1. 心理

人类的心理活动是十分复杂的，在感知空间的时候，所运用的也是一种综合的心理活动，它受很多方面的影响，包括形状、光线明暗、色彩和装饰效果等。人们在感知空间尺度的时候总是和自身所熟悉的物体相比较，而自然水体就成为滨水空间中人们认知空间的参照物，因此，滨水景观中所有景观的尺度都是以水体的比例来衡量的。

形状对人们来说最具有心理感受影响力。小空间具有私密性和围护感强的特点，大空间则具有舒展和开阔感，但空间过大就会显得空旷，使人产生孤独感；正方形、正六边形、圆形等规整平面由于形体明确，使人产生向心感和安定感；纵向设置的矩形平面一般具有导向性，横向布置的矩形平面具有展示、迎接的空间意向；三角形平面和空间会形成透视错觉，产生空间变形；一些不规则形状，如任意的曲面、螺旋形等使人感到空间的自然、活泼。

2. 视觉

人体的感官在感知空间方面各有所长，其中视觉在人体对空间的感知中占有主导性地位。一般情况下，人眼的视力功能（视距和视野）具有生理的局限性。在平视情况下，人眼的明视距离为25 m，这时可以看清物体的细部；当视距为250 ~ 270 m时可以看清物体的轮廓，至500 m时只有模糊的形象，而远到4 km时则看不清物体。人眼的视角是一个扁的椭圆锥形，由于人眼是双眼工作，其垂直方向的外围视角为85°，水平方向的视角为140°，最敏感区的视角只有6° ~ 7°。

有效运用上述视距和视野的基本原理，可以更好地感知外部空间和进行城市空间设计。如意大利圣马可广场，钟塔距西南入口约为140 m(广场深度为175米)，当人们由西入口进入广场时，便能从门中看到一幅完整的广场画面。这时塔高（99米）与视距的比例大约为1 ： 1.4，可以获得欣赏钟塔的理想画面。

3. 时间和运动

空间与时间的联系在城市规划中往往被设计师所忽视。对于空间时间感的设计确实很困难，因为它具有较难控制的运动序列，杭州的西湖在这方面却做得十分到位，西湖的春夏秋冬都给人以不同的感觉，这种随着时序转变而产生景观变化的滨水景观是古代设计师精心安排的杰作，在现代设计中应该得到更好的借鉴和利用。

“移步异景”是中国古代园林设计中一种创造意境的重要手法，在滨水景观空间创建中也得到了很好利用。随着生活节奏的加快，特别是交通工具的改进，现代人更多时候处在动观之中，因此，就更强调一幅画面与另一幅画面的连续和过渡，强调运动路线和运动系统的设计。在滨水空间中，由于有大面积的水面作为背景，虽然自然水体给人的感觉是美好的，但是如果长时间观赏也会使人产生疲劳感，所以在设计的时候就应当弱化这种呆板的空间组合。

三、城市滨水景观空间构成的艺术手法

空间的过渡、空间的流动与渗透特征使整个城市的滨水空间显得多变但有章法，而滨水景观中有一种特殊的空间构造手法——虚复空间的运用，这是指真实空间与滨水景观中自然水体的倒影所产生的虚实空间的组合，一虚一实两个空间的交错产生多变的空间意象，观赏者在这样的意象元素组合中会产生多样的意境。

城市空间主要包括城市中大大小小的绿化空间（Green Space）、开敞空间（Open Space）及各种形式与尺度的街道，它们共同构成了城市生活的联系体系。如果把它们与自然山水环境有机结合，构成人们可轻易亲近山水的城市空间，其表现力和感染力将会倍增。

（一）空间的组合

在滨水景观设计时，要将多种空间有机组合在一起，形成整体的滨水景观，这些空间包括自然水景、广场、街头绿地、道路等。一般来说，严格按照四方建成的空间可能只有两三个不同特征的景色，通过不同的空间组合才能产生多视角的不同空间感受。

（二）空间的渗透

在滨水空间中，建筑与山水共存，空间的相互渗透在人的生理和心理上具有放松空间

的效果，也使整个空间变得宽松、开敞、通透，实现私密空间向公共空间的转换。

在人的行为心理学中，私密空间和公共空间有着明显的差异，空间的渗透可以良好地控制私密空间及公共空间的渐变关系。四周花坛的围合形成了一个半私密的空间，但是形成的空间也不是完全封闭的，而是使用了空间的渗透关系，使人们在这个空间中既能够欣赏美丽的水景，也可以与亲朋好友进行比较私密的交谈，而且花坛本身也美化了滨水地区。

（三）空间隔断

空间的隔断是多种多样的，可以是完全封闭的隔断、半隔断及利用材质、色彩、地面标高的改变等手段使人在心理上产生空间改变的虚空间隔断。

完全封闭的空间隔断一般是利用建筑实体完成的，半隔断可以是栏杆、低于 1.5 m 的木栅栏等，而中国的门楼、牌坊等是一种垂直的线性要素一字排列而成，也具有划分空间范围和导向的功能。

空间的隔断不是机械的，它可以是实体本身的隔断，但更重要的是要靠组成空间的各种元素的不断变化产生心理上的隔断。虽然我们可以感受到实体的隔断，但是有些实体的隔断会对滨水景观的整体布局产生阻隔视线的影响，因此我们不主张在滨水景观中过多地运用实体的阻隔。另外，水体一般都是在最底层的平面上，很少有像“黄河之水天上来”的奇景，所以在滨水景观中更应该慎重考虑视线的通畅性，这就需要设计师更好地利用各种软元素来对空间进行隔断。

（四）空间的流动

空间的流动通过轴线关系来表达，它分为两种方式，一种是直接的实体围合的引导，如街道的开辟、不同空间的相套；另一种是对心理空间流动的导引，如视线的对照与转换。空间的流动性，使传统城市的建筑和环境空间表现出沿轴线向四方生长的特性。

第三节　城市滨水景观的造型运用

在造型艺术中，形是由点、线、面、体的运动、变化组合而成的。点、线、面、体的区分取决于一定视野或它们相互对比的关系。点，以其位置为主；线，以线的形态、长度和方向为主；面，以其形态及面积为主；体，是以其体积为主。在造型艺术中，它们各有其独特的魅力和作用。在滨水景观设计中，如何运用好点、线、面、体的结合，创造出独特的意境是具有挑战意义的，只有将点、线、面、体诸多元素的体量和位置关系整体考虑，才能进入崭新的意境。

一、点在滨水景观艺术中的位置及美感形式

点，在几何学中不具备面积、大小和方向，仅仅表示其位置而已，但是在造型学上，点作为形态构成的要素之一，有其面积的变化。点的分布可以是平面的组合、立体的组合，而且点也可以具有不同的形状，如三角形、球形、圆锥形等。点的移动或排列，不仅具有鲜明的语义提示，也具有时间性和方向感。点的有规律的组合可以产生节奏感和韵律感的线，点的集合也可以组成面，在线的两端，线的曲折点、交叉点等分点处，都能感觉到点的存在，在多角形的顶点也能感觉到点，对于正边形或圆形来说，其中心就暗示着点。点具有构成重点、焦点的作用和聚集的特性。

点根据其大小及背景的色差被辨认的程度会有不同，正是由于这些变化的组合规律，“点”才散发着令人惊叹的艺术魅力。

在滨水景观设计中，点的运用大致可以归纳为以下几种类型：

（一）运用点的聚积性和焦点的特性，创造空间的美感和主题意境

点，具有高度聚积的特性，而且很容易形成视觉的焦点和中心。在滨水空间中，由于以大面积的自然水体作为背景，因此更能体现节点景观的聚焦作用。苍山绿水中的一座空亭、一座高楼、一座宏伟的大桥，均会显得格外醒目，游人会不约而同地向它们靠拢。在广场中心和路的尽端或转弯处，都可以安置点造型的景观，如杭州钱塘江畔的六和塔、上海浦东陆家嘴的东方明珠电视塔、武汉长江边的黄鹤楼等，既是极重要的观赏点，同时又是名胜之地的中心和主要景观。

滨水景观中的点景观不仅仅局限于构筑物，一株造型奇特的乔木、一个装饰精美的花坛都可以成为滨水景观中的亮点，因此在构思设计时，要极其重视点的这一特征，要画龙“点”睛。

（二）运用点的排列组合，形成节奏和秩序美

在滨水景观中，点不仅仅是静止状态的点，还存在着大量的点的运动，点的分散与密集可以构成线和面，同一空间，不同位置的两个点之间会产生心理上的不同感觉，就像五线谱上的音符，疏密相间、高低起伏、排列有序，作为视觉去欣赏，也具有明显的节奏韵律感。在滨水景观中将点进行不同的排列组合，同样会构成有规律有节奏的造型，表示出特定的意义。排列整齐、间隔相等的行道树，将人们所期望的秩序井然的心态统一起来，这是一种秩序美，高低起伏、迂回曲折、疏密相间、形状颜色各异的卵石小径，那石块犹如乐谱里的音符，穿插在各种空间，好似一首优美的乐曲，将游人引入诗一般的境界。当一步步跳过水面的汀步时，又似在弹奏一首清脆悦耳的钢琴曲。这里的行道树、卵石块、汀步等，就是特定的“点”，它们的排列组合产生了节奏和韵律，给人们带来了愉悦的心情和美的享受。

（三）散落的点构成的视觉美感

散点构成，如同风格多样的散文、旋律优美的轻音乐。散点并非零乱，而是散而有序、若断若续、活泼多变、连贯呼应的一个整体。

散点，在城市滨水景观中的运用多为绿化植物的分布和一些诸如石块、雕塑的布置。在滨水景观中，树群的布置不可过密成片，以免影响游人观赏自然水体，要有疏密变化，才能显出情趣。如果与草地相结合，则成为疏密相间、三五成丛、自由错落的“疏林草地”，这就是典型的散点构成，运用这种方法设计的绿化，景色自然优美、高低起伏、变化多姿。夏天可以遮阴蔽阳，冬天又不影响沐浴阳光，是市民最喜欢的活动场所。

（四）点的陪衬与点缀

点，作为“焦点”“中心”均有唯我独尊之势，若作为“陪衬”或“点缀”就很谦虚了，从不喧宾夺主。如建筑与建筑间补漏的绿化小品、在无意中随意布置的休息椅等，虽然看上去都是在不经意间摆放的，但有些是设计师精心安排的。比如说休息椅的设计，有些就从造型、布局上进行了十分精细的设计，点缀出滨水景观的美，如浓荫下的“树墩”座、草坪中的“蘑菇”墩、水岸旁的“石矶”等，都构成了幽雅野趣的一角，点缀和丰富了滨水空间。

滨水区的环境设施也应该作为一种“点”来点缀空间，路灯、路牌、垃圾箱，甚至一块告示牌，都应该规划设计，使其与整个空间协调，烘托出整个空间的意象。

由上可知，“点”在滨水景观设计中的艺术表现力是毋庸置疑的，我们在滨水景观设计中应继续挖掘“点”的表现力和感染力，在滨水景观设计中重视“点”这个最基本的造型要素，以激发灵感，记录下艺术思维中的每一个闪光点。

二、线的特征及其在城市滨水景观艺术中的重要作用

线是点移动之轨迹，点与点之间的联结、面的交界交叉及边沿都能看到或暗示着线的存在。在几何学中，线无粗细，但在造型活动中，线同样具有粗细宽窄和长度。长度是线的主要特征，只要点的移动值远大于点，即可称其为线，太短或过分增加线的宽度，线就可能变成点或面，又细又长的立体，可以是绿篱、围墙、长廊或道路，线的移动、线的集合可以成为面，线的疏密排列具有进深感或立体感，线分直线、曲线，还有具有节奏韵律的线、整齐有序的线。

在城市滨水景观中，线的表现最充分也最丰富，线的应用是否得当，决定着滨水景观的“生命”，我们对滨水景观中的直线、曲线等特征分别加以分析。

（一）直线在城市滨水景观艺术中的应用

直线在造型活动中常以三种形式出现，即水平线、垂直线和倾斜线。

水平线平静、稳定、统一、庄重，具有明显的方向性。如规矩方圆的花坛群在直线和

曲线或绿篱的分割、组合下，构成精美的图案，造成一种统一和温馨的感觉。

在滨水道路方面，绿化带以水平直线的形式分布于整个滨水区，直线在这里联系和统一着整个滨水空间的“点”和“面”，使道路美观整洁。不但给人们以美的享受，同时在组织交通、保证交通安全方面起到了重要作用，使人们有一种秩序感和安全感。

这里我们要特别提到一点，规则的水岸是滨水空间造型中的一条特殊的直线造型，它是滨水空间水陆分界线，也成为滨水景观造型中最吸引人的一条“线”，多变的水岸设计也为滨水景观增添了风采。

垂直线给人以庄重、严肃、坚固、挺拔向上的感觉，在滨水景观中，常常用垂直线的有序排列造成节奏、律动的美，或加强垂直线以取得形体的挺拔有力、高大庄重的艺术效果。如用垂直线造型的疏密相同的水边的护栏及各式围栏、护栏等。它们的有序排列图案会形成有节奏的韵律美。

倾斜线有较强的动感，具有奔放、上升等特性，但运用不当也会有不安定和散漫之感。滨水景观中的雕塑造型常常用到倾斜线，此外也常用于打破呆板沉闷而形成变化，达到静中有动、动静结合的境界。

（二）曲线在城市滨水景观艺术中的重要地位

曲线在城市滨水景观设计中运用最为广泛，滨水空间的建筑、绿化、水岸、桥、廊、围墙等，处处都有曲线的存在。

曲线分两类：一是几何曲线，另一种是自由曲线。几何曲线的种类很多，如椭圆曲线、抛物曲线、双曲线、螺旋线等，不管哪种曲线、都具有不同程度的动感，具有轻松、含蓄、优雅、华丽等艺术特征。

曲线，在有限的滨水空间中能够最大限度地扩展空间与时间，特别是在地势起伏的滨水空间中，曲折的道路营造出一种含蓄而灵活的意境，而这些就是“曲线”那奇妙的魅力所造成的。值得注意的是，曲线设计切忌故作曲折、矫揉造作、要顺其自然、曲折有度、灵活应用，这样才能引人入胜。曲本直生，重在曲折有度，曲线是美的线，但在表现时必须符合美学法则，同时应尽可能展现线的美感特征，在线条的起、承、转、合中表现出旋律线的动态等。城市滨水景观中的曲与直是相对存在的曲中寓直，曲直自如，美学理论中常说的“刚柔相济”、古代哲学的“天圆地方”都含有这个意思。

综上所述，线在城市滨水景观设计中起着贯穿全局、统筹全局、联系全局的重要作用。

三、城市滨水景观中的面

面是线的封闭状态，不同形状的线，可以构成不同性质的面。在几何学中，面是线移动的轨迹，点的扩大、线的宽度增加等也会产生面。面有二次元的平面、三次元的曲面，因线无粗细，故面也就没有厚薄。通过面的移动，面的三次元组合而形成立体。城市滨水景观几乎都是由广场、草坪、水面、树林、建筑群等形式的面构成的，而完成其功能的却是花、草、砖、石、树、建筑、水面等点、线、面组合的具体造型。在视觉传达中，作为面的效果更强烈。在面的构成中，应考虑面的配置、分割及所处的空间。

我们在城市滨水空间的平面布局设计中，只取其“面”是线封闭形成的及“无厚薄的面”这个概念和性质。

（一）几何形平面在滨水景观中的应用

几何形平面包括直线形平面和几何曲线形平面，在城市滨水景观中一般都是两者同时存在的。几何形平面可以分为对称规则形和不对称形两种。对称形的平面一般出现在比较庄重的场合，如一些纪念性的广场。直线形的组合能够烘托一种肃穆、庄严的气氛。直线形平面广场最忌空旷、单调而冷酷无情，因此，应该以方圆造型的花坛、雕塑等来美化装点广场，使游人在规矩方圆之中产生安全、依赖的秩序感和亲切感。

在滨河、滨江地区，水面也形成了几何形的平面，水中的倒影增加了空间平面的层次感。

（二）自由曲线形平面在城市滨水景观中的应用

与几何形平面一样，自由曲线形平面在城市滨水景观中的地位也是举足轻重的。

自由曲线形平面充满自由、流畅、优雅、浪漫的情调，波光粼粼的水面、翠绿如茵的草坪、舒展的广场、传统或现代的建筑群落，是构成整个滨水区的重要元素。

在滨湖、滨海空间中，也存在着自由曲线形的水面，池岸随势随形。水面或动或静，波光粼粼，勾勒出曲折窈窕的水面轮廓，形成园林中开明明净的空间，周围山石垂柳倒映成趣，一叶扁舟穿行于桥梁的倒影之中，这些动与静交织的画面更显出滨水区的自然幽雅，这是只有在自然水体中才能体现出的特殊意境。

滨水空间中的草坪是另一个重要的“面”的组成，如同一张绿色地毯，使人豁然开朗、心旷神怡，人们可以在此野餐、打球、散步，同时在草地上尽情地欣赏风光。

综上所述，“面”从形式上分，有活跃热闹的、安静幽雅的、开阔明朗的，它们之间动静的对比、幽野的对比、大小的对比，在平面布局中与点和线共同构成合理的具有现代艺术感的滨水景观。

四、城市滨水空间中的“体”的实现

从宏观上讲，滨水景观可以是一个二次元的平面，也可以是一个三次元的立体，而从微观上讲，它又是由许多不同造型的立体综合而成的，因此我们可以认为滨水区的设计是平面设计，也可以说是立体造型，更可以说是空间组合。滨水空间设计的步骤如下：平面布局—立体造型—空间组合。在构思时均需通盘考虑，不可截然分开。

滨水空间中的“体”是由多个面组成的。但也可以是由点、线堆积而成的，只有结合现代设计理论，将点、线、面元素有机地结合在一起，仔细推敲其在平面上的位置，立体中的构成、空间中的组合，使它们在虚实气势上达到平衡，在疏密大小上恰到好处，然后选取最佳“构成”，作为设计方案来进行整体规划，才能实现滨水景观中“体”的完善组合。

第四节　城市滨水景观中的灯光效果

城市景观照明设计的最终目的，不是以夸张的照明来进行炫耀，而是以灯光为手段营造一个舒适怡人的都市空间，将极普通的景致变成迷人的夜景。

滨水景观的照明更能体现这一特点，夏日的夜晚，漫步在水边，吹着凉丝丝的微风是一件十分惬意的事情，如果再加上美妙的灯光的衬托就更有一种引人入胜的意境了。

一、设计原则

滨水景观照明一般是采用室外照明技术，用于道路、广场、建筑物和景观设施的照亮。它也有很多原则可以遵循：

（1）利用不同照明方式设计出光的构图，以显示环境景观艺术造型的轮廓、体量、尺度和形象等。

（2）利用照明的位置能够在近处看清环境景观的材料、质地和细部，在远处可看清楚它们的形象。

（3）利用照明手法，使环境景观产生立体感，并与周围环境配合或形成对比。

（4）利用光源的显色使光与环境绿化相融合，以显示出树木、草坪、花坛等的翠绿、鲜艳、清新等感觉。

（5）对于喷水景观要保证足够的亮度，以突出水花的动态，并可利用色光照明使飞溅的水花绚丽多彩，对于水面则要反映灯光的倒影和水的动态。

二、灯具的技术特性

目前我国环境照明的电光源主要有白炽灯、高压汞灯、高压钠灯、低压钠灯、卤钨灯、金属卤化物灯等。其中常用的电光源为寿命较长、使用方便、经济及具有高发光效能的白炽灯、高压汞灯和高压钠灯等。

三、设计艺术手法

在滨水景观的照明手法上，因为受到各方面的影响，特别是受到自然水体的影响较大，所以与其他环境景观照明有所区别，以下根据不同的照明手法简述照明灯具在滨水景观中创造艺术的手法。

（一）流动

灯光的流动性可能是滨水景观中最为独特的艺术手法了，在别的城市景观中是很难见到的。滨水区照明的流动性不仅仅局限于空间的整体美，最主要的是当实际的灯光和水面倒映着的光晕交相辉映的时候更能体现这种美感。当夜晚华灯初上的时候，建筑物上的灯光、道路两旁的路灯和水中倒映着的流动的光影相互交织在一起，共同谱写出美妙的小夜曲。

（二）韵律与节奏

韵律是有规律的组合与变化，凡是有秩序感、韵律感的造型均有节奏感，其实这两个美学形式法则都是从音乐领域演变而来的。在滨水照明中，节奏和韵律感随处可见，特别是在沿河岸的照明上，造型优美的灯具在白天也是一道亮丽的风景线，而到了迷人的夜晚更成为城市的聚焦中心，形成了一条美丽的具有韵律感的弧线。周密的规划、巧妙的构思，使水边环境显得十分和谐自然，让来到这里的人感到心情舒畅。

（三）明暗与虚实

通常在美学上表现光影有两种手法：一是通过光影把周围的景物照亮，使其形成更强的立体感并具有某种艺术风格的形式；另一种就是通过对光影的特殊组合处理，把现实对象描绘成非现实的、梦幻般的视觉艺术幻象。在滨水景观中，这两种艺术手法在不同的场合对于一个区域的照明不可能兼顾，应该有重点地对一些重要的标志物进行细致描绘，而且所采取的照明方式也应该有所区别，即使是对同一种设施，在不同的地域和空间中也应该采取不同的照明方式。横跨罗讷河的“DU COLLEGE”桥，400盏白炽灯辉映出它的美丽造型，使整个桥梁成为灯的海洋，成为罗讷河上照度最高的标志物；与之相反，夜幕中布拉格的卡雷尔桥却采用了虚幻的照明手法，将周围的建筑物和雕塑做成剪影效果，使用艺术的手法将整座桥的空间变得神秘而又有古典的气息。

强烈的明暗对比可以突出强调的对象。在滨水景观中，悉尼歌剧院成为灯光的明暗对比中的典型，位于海角顶端的歌剧院，在相对较暗的周围环境中，白炽灯光从两侧直接投射到歌剧院的壳体构造上，构造表面铺装的白色瓷砖被照亮后，犹如反光的贝壳，那奇特的景象远比摩天大楼和港湾大桥的灯光给人的印象更深刻。这种鲜明的对比强烈地突出了要重点体现的景观对象，在滨水景观的设计中已经得到相当的重视，在我国也有许多地方采用了这种艺术手法，上海外滩对东方明珠电视塔及其周围建筑物也进行了重点的照明设计。

（四）色彩的搭配

这里并不是要进行系统的色彩学分析，而是以色彩对滨水景观效果的作用为重点，从灯光色彩的对比与调和方面简述灯光与色彩之间及与周围环境之间的关系，让灯光、色彩与景观相结合，使周围景观效果更加充实、动人，更富有表现力。这里的色彩搭配既有照明灯具本身发出的灯光之间的搭配，也有各类灯光与周围景物之间的协调。

第五节　城市滨水景观中的绿色空间

一、城市滨水景观绿化设计的作用和目的

绿化给城市滨水景观带来了各种各样的效果。绿化具有实用、生物、景观等功能，更具有心理调节的功能，起着维持生态平衡、美化环境的作用，创造了丰富而和谐的美景，并增强了人们的自然意识。在滨水景观中，绿化更起着防洪的重要作用。

由于在滨水景观中水体占了很大的比重，因此，绿化在滨水景观中的生态作用远比在城市其他区域小，在滨水景观中绿化主要的目的就是点缀与连接，绿化成为滨水景观中联系水陆两个不同空间的生态枢纽，将两个形式迥异的生态圈连成一个整体。

二、城市滨水景观绿化设计的分类

（一）绿色地毯

将草坪称为绿色地毯是当之无愧的，它是环境景观绿化中最底层的构成要素，也是在大型环境景观绿化设计中运用最普遍的。

在城市滨水景观中最可能运用绿色地毯的就是自然驳岸。我们一般不提倡进行大片的草坪设计，因为这会降低主体自然景观——水体的吸引力，但是在自然形成的驳岸中，却必须运用种植草皮这一手法，以免水土流失，同时也可起到美化的作用。其实这在外国的滨水景观中是很常见的，其绿化一般布置得比较开阔，以草坪为主，乔木种植行比较稀疏，在开阔的草地上点缀以修剪成形的常绿树和灌木。在滨水景观中所规划的草坪一般是使用性草坪，所谓使用性草坪就是开放可供人入内休息、散步，一般种植叶细、韧性较大、较耐踩踏的草种。

（二）绿色雕塑

"绿色雕塑"原来是指在意大利和法国的园林中，常将树木从根到梢修剪成几何形状，将其表示为各种不同形态，它常与草坪相呼应，形成高差，错落有致。树木可以分为乔木、灌木、地被植物等，树木对气候的调节和对人的心理调节有很大作用。树木的配置方法多种多样，主要有孤植、对植、丛植和篱植等。

在滨水景观的绿化中要注意选用适于低湿地生长的树木，如垂柳等，在低湿的河岸上或定期水位可能上涨的水边，应特别注意选择能适应水湿和盐碱的树种。

另外，不能由于过度种植，阻碍了朝向水面的展望效果。对于滨水区的种植绿化，树木的种类（高度及枝叶状况）和种植它们的场所要充分考虑，必须保证水边眺望效果和通

往水面的街道的引导，保证合适的风景通透性，因此在滨水景观中一般只用孤植、对植及丛植的配置方法。一般不用中高的篱植，矮篱植的运用也较少，只是在一些必须进行隔离的地方才运用矮篱植。一般在滨水路绿化中，要将绿化设置得富有节奏感，避免林冠线的单调闭塞，如运用不等距的种植方式排布高大的树木，或者采用不同种类的树木相互穿插种植，形成绵延起伏的林冠线。

（三）“花”之世界

所谓“花”是指花坛、花池等主要运用花卉并配以其他植物的绿化造型。花坛、花池通常成为环境景观立体绿化中主要的造型因素，它在各绿化要素中比草坪高，但在立体绿化中处于较低层，一般的高度为 0.5 ~ 1 m。

花坛、花池的造型丰富，可以随不同的环境景观而变化。它的基本形式有花带式、花兜式、花台式、花篮式等，可以固定也可以不固定。花坛、花池的组合形式有单体配置、线状配置、圆形曲线型配置、群体配置、自由组合配置和绿地景观槽等。

在自然水体的蓝色和草坪、树木等的绿色中，花形成了绚烂缤纷的色彩，成为滨水景观中色彩的点缀品，而且各式各样的花坛、花池的造型，规则的几何形态，不规则的自由式，这些灵活的组合使滨水景观的立面形态设计更加丰富。单体的花坛形体不要太大，以免喧宾夺主。

（四）空中走廊

空中走廊主要是指花架（也称为绿廊）。在夏天为了给人们提供休息、遮阴、纳凉的场所，也为了增加立体绿化的层次感，在滨水景观中，绿廊的设置比较普遍，一方面，设计师利用了绿廊的点缀作用。另一方面，花架可以用于联系空间，并使空间有一定的变化。

（五）屋顶花园

屋顶花园一般指建筑物上的绿化设施。滨水区一般是黄金地段，因此滨水区成为标志性建筑的集结地，而屋顶花园就成为滨水景观中最高层的绿化元素。在城市用地紧张的情况下，为了扩大绿化面积，常会采取屋顶绿化，窗、墙垂直绿化等手段和组合式屋顶花园等形式，利用建筑物向立体发展，向空中拓宽。

三、城市滨水景观绿化设计的艺术手法

（一）点、线、面结合

“点”指小绿地，如广场中的花池、花坛等的点缀，在大的滨水区域中，也可能存在商业区、工业区等功能性区域，而这些区域也会存在小公园绿地，这些也属于“点”绿化的范围。

根据每个景点的规划意境，对景点周围植被做重点处理。如果要体现色彩斑斓的景致，就应该着重于树形的高低错落、色彩搭配，点缀成片彩花；又如大海沙滩旁广植棕榈，以

形成整洁明朗的热带景观；再如可以在大草坪的边界缀以枫杨、鹅掌楸、红枫等色叶树，中央孤植香樟、枫杨等大型乔木，丰富草坪景观。

“线”就是指成线形排列的绿化布局，如道路绿化、驳岸绿化和一些花带形的绿化，也包括一些生态走廊，如花架等，这在滨水景观的设计中是很常见的，人们最喜欢的就是在水边散步，因而几乎在所有的滨水区都有滨水大道。

所谓的“面”，指的是大面积的绿化，如自然生态驳岸中的大片草坪，以及一些大型滨水区所出现的景观林、经济林。另外，生态湿地植物也是“面”的重要组成部分，由于湿地物种的多样性，形成丰富的植被层次，创造了最自然最原始的植被景观效果，融观光、游憩、认知于一体。

在滨水景观的绿化设计中，要注意点、线、面的结合，大片的草坪与高大的乔木相互映衬，形成了鲜明的对比，使远处的会展中心黯然失色，这就是点和面相结合的典型例子；建筑物上的鲜花带，与地面的花坛和花盆的组合形成了点与线的组合，营造了一个色彩丰富的空间；我们可以看到在滨水空间绿化中点、线、面相结合的很好的例子，在滨水空间塑造了一派绿意盎然的气息。由此可见，单纯的点、线或面的绿化会给人以死板的感觉，只有将这些元素有机地结合起来，才能够在滨水景观中规划出一个生机勃勃的绿色世界。

（二）对比和衬托

利用植物不同形态特征，运用高低、姿态、叶形叶色、花形花色的对比手法，配合环境景观及其他要素整体地表达出一定的构思和意境。

高低、姿态的对比可以是同一种树种之间的对比，也可以是不同种类的树木相互结合，相同的树种由于高度的不同形成了多变的林冠线，与背景蓝色的水面和天空形成了一幅风景画。

（三）韵律、节奏和层次

景观植物配置的形式组合应注重韵律和节奏感的表现。同时应注重植物配置的层次关系，尽量求得既有变化又有统一的效果。

在三亚湾滨海地区，植物的分布就有着明显的层次感，在横向的水平结构中，最靠近滨海路的是人工椰林加上草地，中间是砂土生刺灌木丛与人工椰林的结合，在靠近海滩的地方是砂生草丛；在竖向结构上，上层是人工椰林，下层是砂土生刺灌丛，下垫层是砂生草丛和人工草地。这样层次分明的绿化组合，高低错落有致，既起到了保护海岸的作用，又在海滨形成了一道亮丽的风景。

（四）色彩和季相

植物的干、叶、花、果色彩丰富，可采用单色表现和多色组合表现，使景观植物色彩配置取得良好的图案化效果。要根据植物四季季相，尤其是春、秋的季相，使人们在不同季节可观赏到不同植物色彩，产生具有时令特色的艺术效果。

第七章　结　论

"水为万物之源"，作为城市的命脉，滨水区维系着城市生命的延续，不仅承载着水体循环、水土保持、贮水调洪、水质涵养的功能，而且能调节温湿度、吸尘减噪、改善区域小气候，有效调节城市生态环境。在城市化建设过程中，充分挖掘水的潜力、展示水的魅力和亲和力，对于提升城市功能和品位、优化人居和创业环境、促进产业结构调整、增强城市综合竞争力、实现可持续发展具有深远的意义。

缓冲带的设计理念已从单纯的水土保持发展到人工建立或恢复植被走廊，将自然灾害的影响或潜在的对环境质量的威胁加以缓冲，保证陆地生态系统的良性发展，提高和恢复生物多样性。河流水系周边缓冲带一般沿水体周边设置，利用植物或植物与土木工程相结合，对河道坡面进行防护，为水体与陆地交错区域生态系统形成过渡缓冲，强调对水质的保护功能，可以控制水土流失，有效过滤、吸收泥沙及化学污染、降低水温、稳定岸坡。结合河流水系现有岸坡条件，对地势、高程进行勘测后，选取适当位置设置不同形式的水陆缓冲带。合理的植被配置是实现缓冲带有效控制径流和控制污染的关键。以当地适生品种为主，进行乔、灌、草的合理搭配，既考虑灌、草植物的阻沙、滤污作用，又安排根系发达的乔、灌有效保护岸坡稳定，滞水消能。

河流水系两侧的流量、承担荷载较小的人行步道和滨河路面，可以采取在路基土上铺设透水垫层、透水表层砖的方法进行渗透铺装，以减少径流量。对于局部不能采用透水铺装的地面，可按不小于 0.5% 的坡度坡向周围的绿地或透水路面。对于车流量较大的滨河路，可适当降低路两侧的地面标高，在路两侧修建部分小型引水沟渠，对路面上的雨水由中间向两侧分流，使地表径流流入距离最近的下凹式绿地。

对于河道周边入渗系数较低的绿地，为更多地消纳地表径流，可采用下凹式绿地。现状绿地与周围地面的标高一般相同，甚至略高，通过改造，使绿地高程平均低于周围地面 10 cm 左右，保证周围硬化地面的雨水径流能自流入绿地。绿地种植草皮和绿化树种，保证景观效果，绿地下层的天然土壤改造成渗透系数大的透水材料，由表层到底层依次为表层土、砂层、碎石、可渗透的底土层，增大土壤存储空间。根据实际情况，在绿地中因地制宜设置起伏地形，在竖向上营造低洼面。在绿地低洼处适当建设渗透管沟、入渗槽、入渗井等入渗设施，以增加土壤入渗能力，消纳标准内降水。渗透管沟可采用人工砾石等透水材料制成，汇集的雨水通过渗透管沟进入碎石层，然后再进一步向四周土壤渗透。这种既能保持一定的绿化景观效果，又能净化降雨径流的控制措施，具有工艺简单、工程投资少、无须额外占地等优点。

城市滨水景区的规划建设是一项融环境科学、景观生态学、现代水利工程学等学科于一体的复杂工程。在保证水源的前提下，建设水景观、繁荣水文化、发展水经济，使水环境建设具有持续发展的动力和实力，逐步形成可持续发展的水生态系统，使社会、经济、环境共同协调发展。我们相信“绿带成荫闻鸟鸣，清波荡漾满舟情，轻风拂柳为垂钓，信步河边皆是景”的城市亲水空间指日可待。

结　语

在介绍城市化发展对城市环境，特别是城市滨水环境的严重破坏后，引入运用生态恢复设计的概念、原则、目标意义，结合城市滨水空间的营造，具体说明城市滨水空间的生态与景观恢复的构成要素、运用步骤和技术手段。

我们的这个时代是个“大发展”和“大破坏”的时代。在中国，过去二十多年的快速城市化发展，对人们赖以生存的环境，特别是城市滨水空间环境形成了大量的破坏和摧残。城市滨水空间是人类发展和栖息的聚集地，也是随着城市化发展受到严重破坏的地方，近几年，随着环境意识的增强，全国各大城市纷纷展开对滨水空间的景观规划设计，但是众多的设计也仅停留在美化园林阶段，使滨水空间的生态、景观功能大打折扣。

景观生态恢复作为一个实际专业领域的名词，近几年才在国内得到起步和发展，随着生态的、可持续发展的理论的影响，政府和越来越多的专业人士参与，众多的场地开发行为开始考虑到环境方面的影响，生态与景观恢复也越来越受重视。

城市滨水空间的生态与景观恢复在我国正处于初步发展阶段，各种技术手段也正逐渐被运用到实际的项目分析当中，项目的场地评估也越来越理性，生态与景观恢复作为生态工程的一个重要组成部分，是城市可持续发展研究的永恒课题。

参考文献

[1] 黄守科 . 浅论城市河溪近自然生态修复与治理：以深圳为例 [J]. 绿色环保建材，2021(06)：168—169.

[2] 虞婷，王江萍 . 特色风貌保护下的罗田县山水视廊构建与优化 [J]. 华中建筑，2020(11)：118—122.

[3] 张劲松 . 推动河长制高质量发展写好美丽江苏水韵文章 [J]. 中国水利，2020(20)：6—11.

[4] 聂俊坤 . 基于国土空间管控的城市河湖规划研究 [J]. 水利规划与设计，2020(10)：53—57.

[5] 吴秋菊 . 生态学原理在昆山河湖治理中的应用 [J]. 环境与发展，2020(06)：186—188.

[6] 吕健，李璐璐，梁元姝，刘国雨，高伟豪，黄振航，郑宗奇，张炜文，苏凯泽，李佩坚 ."五色时空 · 水下森林氧吧"技术在城市湖泊生态修复的实践：以广东肇庆七星岩景区里湖生态修复为例 [J]. 环境生态学，2020(06)：79—84.

[7] 省河道管路局（省水利厅景区办），南京林业大学 . 江苏省城市河湖生态修复与景观改造技术 [J]. 江苏水利，2020(Z1)：5.

[8] 孟庆峰 . 城市河湖水体生态修复工程示范研究 [J]. 中国资源综合利用，2020(03)：125—127.

[9] 许海川，张文瑞 . 城市河湖型水利风景区发展规划实践与思考 [J]. 水利规划与设计，2020(03)：39—42.

[10] 顾铁 . 长江流域水生态保护研究 [J]. 资源节约与环保，2020(01)：22.

[11] 陈杰 . 知行合一，系统推进水生态修复：学习习近平总书记在参加十三届全国人大二次会议内蒙古代表团审议时的重要讲话精神 [J]. 人民论坛，2019(24)：106—107.

[12] 李杰，吴姝涵，王冠平，石伟，王悦兴，潘红忠 . 城市河湖污染治理方法及应用前景 // 中国环境科学学会，中国光大国际有限公司 .2019 中国环境科学学会科学技术年会论文集：第二卷 [M]. 中国环境科学学会，2019.

[13] 晏静 . 城市河涌分级与生态健康修复措施探讨 [J]. 住宅与房地产，2019(21)：226.

[14] 邵诗文 . 城市河流型湿地公园生态修复设计研究——以山东省枣庄市蟠龙湿地公

园为例 [D]. 北京：北京林业大学，2019.

[15] 王旭光 . 蒙城县水生态文明试点城市建设实践与思考 [J]. 安徽农学通报，2019（07）：113—114，156.

[16] 唐明 .“城市双修”背景下的城市河湖综合整治探讨：以南昌市城区水系为例 [J]. 中国防汛抗旱，2018（12）：16—20.

[17] 谈祥 . 浅谈城市河湖治理工程设计中海绵城市理念 [J]. 水资源开发与管理，2018（10）：27—30.

[18] 陈韦，亢德芝，柳应飞，李梦晨 . 武汉市城市设计技术要素的通则式控制体系构建 [J]. 规划师，2013（11）：64—69.

[19] 朱喜，胡明明，主编 . 河湖生态环境治理调研与案例 [M]. 郑州：黄河水利出版社，2018.

[20] 熊文，彭贤则，等 . 河长制河长治 [M]. 武汉：长江出版社，2017.

[21] 刘芳 . 系统治理水生态文明城市建设的创新路径 [M]. 济南：山东人民出版社，2017.

[22] 伍业钢，主编 . 海绵城市设计系列丛书：海绵城市设计理念、技术、案例 [M]. 修订版 . 南京：江苏凤凰科学技术出版社，2019.

[23] 正和恒基 . 海绵城市＋水环境治理的可持续实践 [M]. 南京：江苏凤凰科学技术出版社，2019.

[24] 许建贵，胡东亚，郭慧娟 . 水利工程生态环境效应研究 [M]. 郑州：黄河水利出版社，2019.

[25] 吴季松 . 生态文明建设 [M]. 北京：北京航空航天大学出版社，2016.

[26] 福建省水利厅，福建省水利水电勘测设计研究院，编 . 在水一方话说水生态文明 [M]. 福州：海峡文艺出版社，2018.

[27]《十八大以来生态文明体制改革的进展问题与建议》课题组 . 生态文明体制改革进展与建议 [M]. 北京：中国发展出版社，2018.